贾亦男 宿丹华 / 编著

Midjourney版 AIGC

绘画原理+提示词+关键词+商业创作

清華大學出版社
北 京

内 容 简 介

本书专注于阐述人工智能绘画的基本原理与实战技巧，内容分为3部分共10章。第1部分（第1章）介绍人工智能绘画的综合性知识，为读者奠定理论基础；第2部分（第2~5章）针对使用Midjourney进行创作时所需掌握的命令与参数进行详细讲解，覆盖版本从v4至v6，确保读者能够熟练操作该软件；第3部分（第6~10章）通过大量实例，展示Midjourney在插画绘制、摄影素材图像生成以及众多其他领域（如灯具、沙发、置物架、室内装饰、珠宝、服装、鞋子、帽子、袜子、丝巾、旅行箱、男包、女包、文创、表情包、特效文字、游戏概念、UI图标、数码产品等）的实战应用。

通过阅读本书，读者不仅能够提升在图形图像视觉领域的创意设计能力，还能掌握运用AI技术从事产品设计、游戏设计乃至服装设计的技能，从而实现工作效率与质量的显著提升。本书非常适合各类媒体工作者自学，也可作为开设视觉传达与设计、摄影摄像等相关专业学院的教材。

图书在版编目（CIP）数据

Midjourney版AIGC绘画原理+提示词+关键词+商业创作 / 贾亦男, 宿丹华编著. -- 北京：清华大学出版社, 2024.4

ISBN 978-7-302-66008-8

Ⅰ. ①M… Ⅱ. ①贾… ②宿… Ⅲ. ①图像处理软件 Ⅳ. ①TP391.413

中国国家版本馆CIP数据核字(2024)第070456号

责任编辑：陈绿春
封面设计：潘国文
责任校对：徐俊伟
责任印制：刘海龙

出版发行：清华大学出版社
网　　址：https://www.tup.com.cn，https://www.wqxuetang.com
地　　址：北京清华大学学研大厦A座　　**邮　　编**：100084
社 总 机：010-83470000　　**邮　　购**：010-62786544
投稿与读者服务：010-62776969，c-service@tup.tsinghua.edu.cn
质量反馈：010-62772015，zhiliang@tup.tsinghua.edu.cn
印 装 者：北京嘉实印刷有限公司
经　　销：全国新华书店
开　　本：188mm×260mm　　**印　　张**：12　　**字　　数**：323千字
版　　次：2024年5月第1版　　**印　　次**：2024年5月第1次印刷
定　　价：88.00元

产品编号：103778-01

由于 AI 的出现，沉寂多年的图形图像视觉创作领域在 2023 年变得异常活跃。其中既夹杂着创作者对 AI 绘画技术的喜爱，也不乏对这种技术的恐惧。AI 绘画技术大幅降低了创作的门槛，多年的美术功底在强大的技术面前似乎变得不再那么重要。只要熟练掌握 AI 技术，即使完全没有美术功底的人，也能够创作出与画家相媲美的作品。而对于成熟的创作者来说，熟练使用 AI 技术则可以大幅提高创作效率，并获得以往难以想象的图像效果。然而，AI 技术是一把双刃剑。许多公司由于将 AI 技术接入工作流程，导致相关岗位的工作人员需求减少。因此，在 2023 年，视觉创意设计行业出现了不少从业者失业的情况。但无论如何，AI 绘图技术的出现标志着一个新时代的来临。每一个对图形图像创作感兴趣的创作者，都必须掌握这项新技术。

本书较为系统地讲解了人工智能绘画的基本理论与 Midjourney 的使用方法，包括各种命令、参数、语法结构等。全书分为三部分：第 1 部分为第 1 章，全面介绍了人工智能绘画的发展历程；第 2 部分为第 2～5 章，详细讲解了使用 Midjourney 时应该掌握的命令、参数以及提示语的撰写方法与逻辑等；第 3 部分为第 6～10 章，通过实例展示了 Midjourney 在插画绘制、照片生成以及多个其他领域（如室内装饰、箱包、珠宝等）的创作方法。

通过学习本书，读者将掌握在图形图像视觉领域进行创意设计的能力，并可以将这种能力应用于产品设计、游戏设计、服装设计等领域，从而提高工作效率与质量。特别值得一提的是，本书还介绍了 Midjourney 在 2024 年 1 月发布的最新 V6 版本的使用方法及特点。

为了丰富本书内容，笔者将附赠 450 分钟价值 88 元的 Midjourney 在线视频课、130 分钟价值 58 元的人工智能通识在线视频课、3 本 Midjourney 学习电子书。获得方法为扫描右侧的二维码或者封底的二维码。如果在下载过程中碰到问题，请联系陈老师，邮箱：chenlch@tup.tsinghua.edu.cn。

配套资源

本书由贾亦男和宿丹华两位老师合作撰写。其中宿丹华老师负责第 1 章与第 2 章的撰写工作（合计 8 万字），其他章节由贾亦男老师负责。需要特别指出的是，Midjourney 对于提示语中的英文拼写及语法要求并不严格。即使在提示语中有个别拼写错误的单词，系统也可以根据整个提示语的意境“猜出”单词的正确语义。由于本书中提供的提示词数量较多，因此可能存在个别拼写错误的情况，特此请各位读者谅解。

编 者

2024 年 3 月

目录
CONTENTS

第1部分

第1章 全面认识人工智能绘画

第2部分

第2章 掌握 Midjourney 创作流程及常用命令

第3章 理解 Midjourney 各个参数的功能

第4章

掌握 Midjourney 提示语撰写方法与逻辑

第5章

利用关键词控制画面的视角、景别、色彩、光线等

第3部分

第9章

用 Midjourney 创意设计箱包、鞋袜、领带等

第10章

用 Midjourney 创意设计珠宝、文创、数码产品等

第1部分

第1章 全面认识人工智能绘画

1.1 了解人工智能绘画

1.1.1 什么是人工智能绘画

人工智能绘画是一种利用人工智能来创作图画的技术，通过大量的数据训练，让人工智能模型学习人类绘画的技巧和特点，然后根据用户的指令自动生成图画。

人工智能绘画是一种帮助人们提高创作便捷性的工具，通过输入一段描述性文字，计算机进行自动解析，即可生成同一主题、不同风格的多幅画作。

经过不到2年时间的发展，人工智能绘画已经被广泛应用于插画绘制、素材照片生成，以及电影、游戏、广告、艺术创意灵感启发等领域，成为当今计算机领域广受瞩目的技术之一。

目前，使用人工智能绘画技术，已经可以生成真假难辨的照片质量图像，这使媒体工作人员能以更低的成本获得素材，下面4幅图片就是由人工智能绘画技术生成的橘子照片。

更值得一提的是，由于人工智能绘画技术的大范围普及，越来越多没有绘画基础的人，也能释放自己的创意，创作出以往只有艺术家或经过多年绘画训练的专业人员，才能创作出来的优秀作品。

例如，网友@数字生命卡兹克使用Midjourney自制了一段AI版《流浪地球3》预告片，由于效果出色还被《流浪地球》的导演郭帆点名表扬，这段预告片还登上了CCTV 6（中国电影频道）。

郭帆FrantGwo :该来的还是会来……总之……一言难尽 （PS：博主的联系方式私信我一下呗 ）

23-8-3 21:30 来自新西兰 4177

数字生命卡兹克 博主 :郭导我爱你

23-8-4 00:18 来自天津

1.1.2 掌握人工智能绘画技术的重要性

目前，无论是在静态视觉设计还是在动态视觉设计相关领域，人工智能绘画技术已经深深嵌入其中，这一点从当前招聘网站上与日俱增的 AI 职位，以及传统职位中对于 AI 技术的要求，就能看出来。

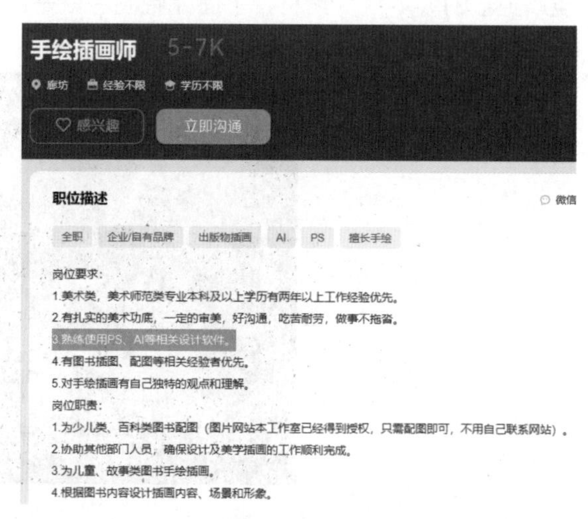

从目前的发展趋势来看，随着技术更新换代，相关技术的使用难度会越来越低，但产品效果会越来越好，最终很有可能会发展成类似职场人都需要掌握的办公软件一样，成为普遍化技能。

正如网络上流行甚广的一句话，“在未来淘汰你的不是 AI，而是掌握了 AI 的同行”，从这一点来看，在人工智能绘画技术刚刚开始发展的今天，及时投入时间与精力进行深度学习将是非常重要的一件事。

1.2 理解传统绘图与人工智能绘画的区别

1.2.1 传统作图方式

只要创作者有 Photoshop、Painter、Illustrator 或 3ds Max、Maya、CINEMA 4D 等软件的使用经验就会很清楚，要得到一幅图像，必须要在软件中进行绘制，或者在软件中进行三维建模、用渲染软件进行渲染。

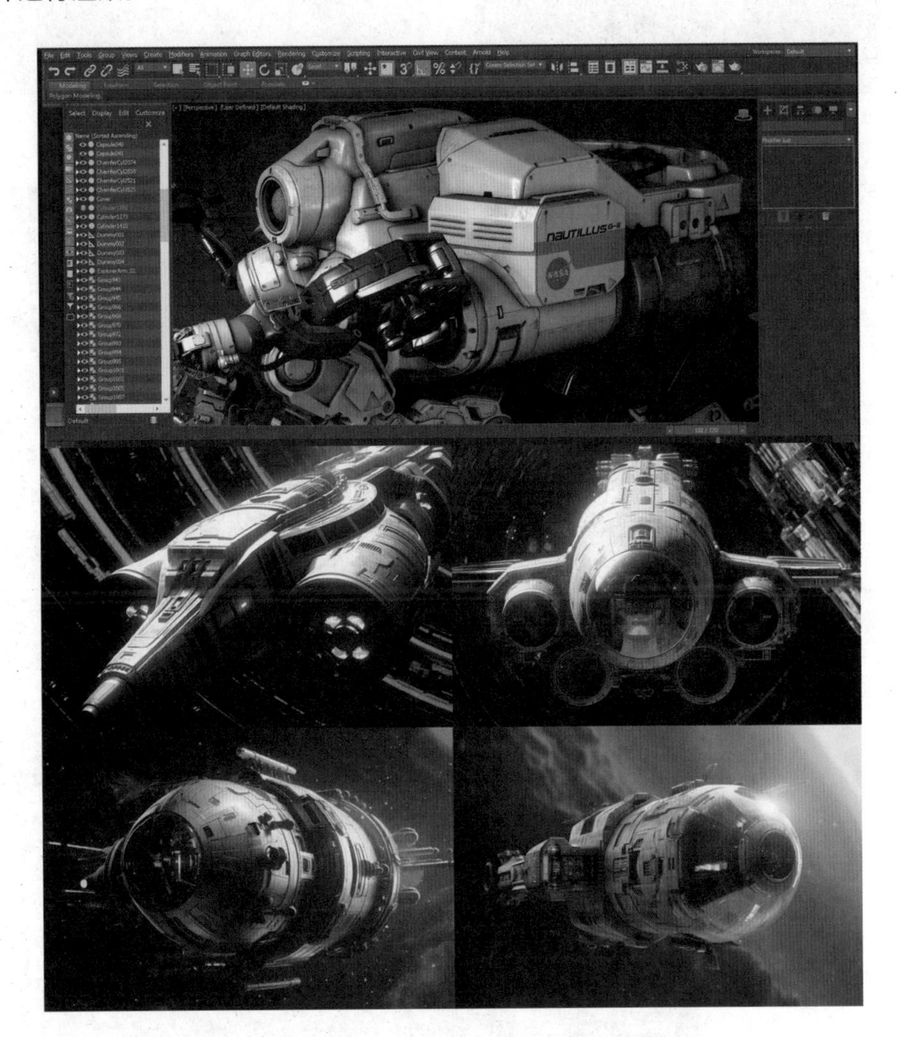

这种方法的优点是精度高，便于调整、修改细节，通过修改源文件，可以实现数字资源共享与复用；其缺点是高度依赖创作人员的技术水准，而且效率很低，有时需要创意团队与制作团队相互配合才能完成任务。

1.2.2 使用Midjourney绘图

但是以 Midjourney 为代表的人工智能绘图技术，完全颠覆了上述传统绘图方式，只需输入一行提示语，就能针对同一主题无限生成不同效果的图像。

右侧展示的是创作者针对“鞋子”这一主题，创作出的上百款不同造型的鞋子灵感创意方案图。

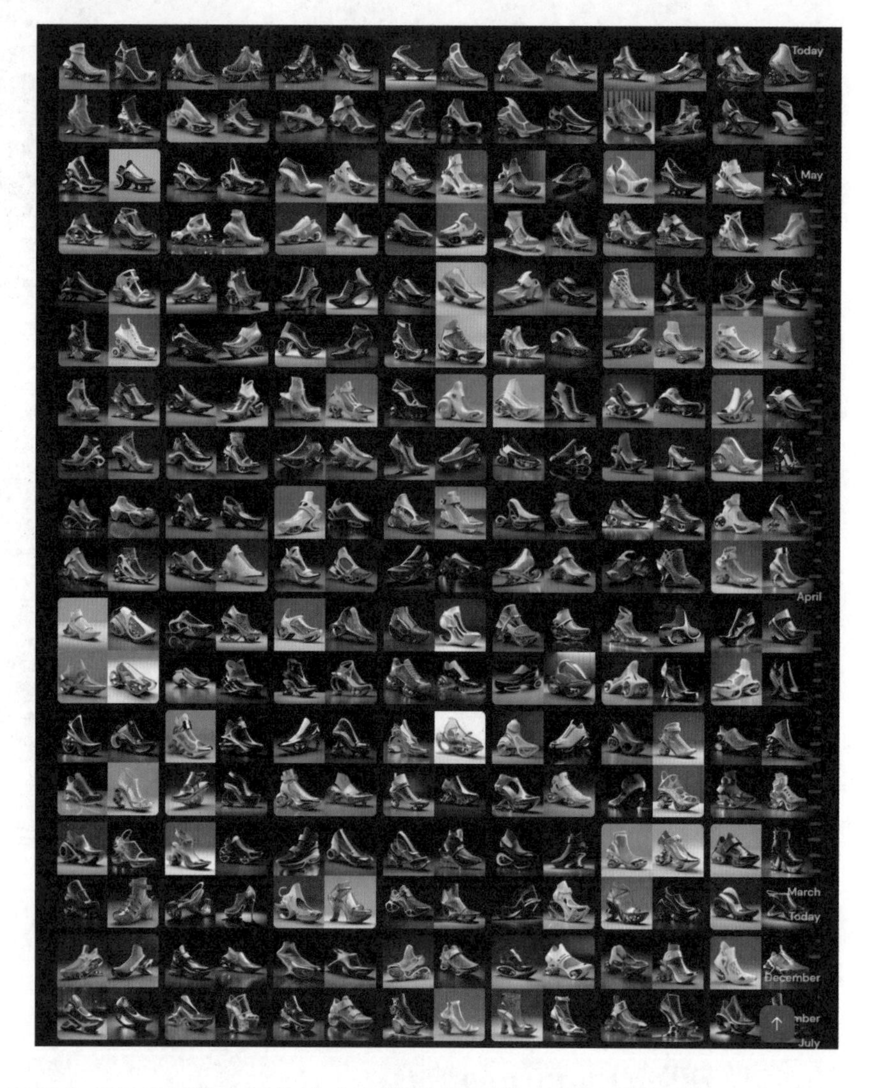

这种方法的优点是效率极高，但对创作人员的技术水准要求不高，成图直接可用。但这种方法也有非常明显的缺点，即无法通过修改源文件的方式来获得不同角度、场景下，同一主题的图像效果。此外，在图像层面还有一些缺点，会在下一小节讲述。

1.3 了解Midjourney的缺陷

由于本书主要讲解 Midjourney，因此，仅针对 Midjourney 讲解其缺陷。

1.3.1 手部缺陷

当使用 Midjourney 生成的图像中涉及手部时，通常会出现变形、缺指、多指的情况，虽然 Midjourney 最新的版本已经对手部绘画技术进行了优化，但涉及较为复杂的手部动作时，生成的图像仍然会出现不完美的现象，如右图所示。

1.3.2 文字缺陷

当使用Midjourney生成的图像中有大量文字时，通常无法正常生成文字，如右图所示的图像中，招牌上的文字基本全部错误。

1.3.3 不可控性的缺陷

许多创作者非常痴迷于使用 Midjourney 创作图像，其中一个很重要的原因就是 Midjourney 生成的图像具有很强的随机性，即使是同样的提示语每次执行后，生成的图像也并不相同，正是由于这种随机性，使 Midjourney 在绘图创意方面有天然的优势。

但也正是因为这种随机性，会使生成的图像有各种错误，以提示语 a dog in blue suit clothes and a cat in red suit clothes, selfie together （一只穿着蓝色西装的狗和一只穿着红色西装的猫一起自拍）为例，生成了以下 4 幅图像，其中唯一正确的图像在左侧，其他的图像都有这样或那样的错误。

面对这样的结果，创作者不必反复调整自己的提示语，因为这不是提示语的问题，其原因在于 Midjourney 的生成机制与目前尚有待改进的功能。

1.3.4 画质缺陷

在缩小观看 Midjourney 创作的图像时往往能以假乱真，但如果将图像放大观察。就能看出很明显的像素点，尤其是在生成图像时，如果使用的质量参数不高，这一缺陷尤其明显。

1.3.5 脸型缺陷

使用 Midjourney 创作有人物的图像时，无论生成的是哪一个国家或民族的人物，只要重复生成几次，就会发现同一国家或民族的人物的脸型极其相似，这导致人像的面部辨识度比较低。

好在，这个问题可以通过使用后文将会讲解的参考图技术来解决。

1.4　人工智能绘画的基本步骤

虽然，目前有多个人工智能绘画平台，但是它们的绘制过程都可以分解为以下三个步骤。

1.4.1　数据收集和标记

这个步骤主要是为了训练人工智能绘画模型，使其能够在第二个步骤中生成用户所需的图像，具体还可以分为以下几小步。

1. 数据收集

为了让机器学会绘画，需要大量的图像素材，常用的方法是通过搜索引擎或机器人在线抓取。

2. 数据清洗和标记

收集到的图像数据通常需要进行清洗，以确保其质量和可用性，包括去除低质量的图像、调整图像的大小和分辨率等。

更重要的是要给这些图像添加标签，描述图像的内容、风格和其他重要信息，这是人工智能学习的关键所在。例如，毕加索的作品有明显的抽象风格，其线条与构成独具特色，收集这些图像，并为其添加标签后，可以让人工智能模型记住这一特点。

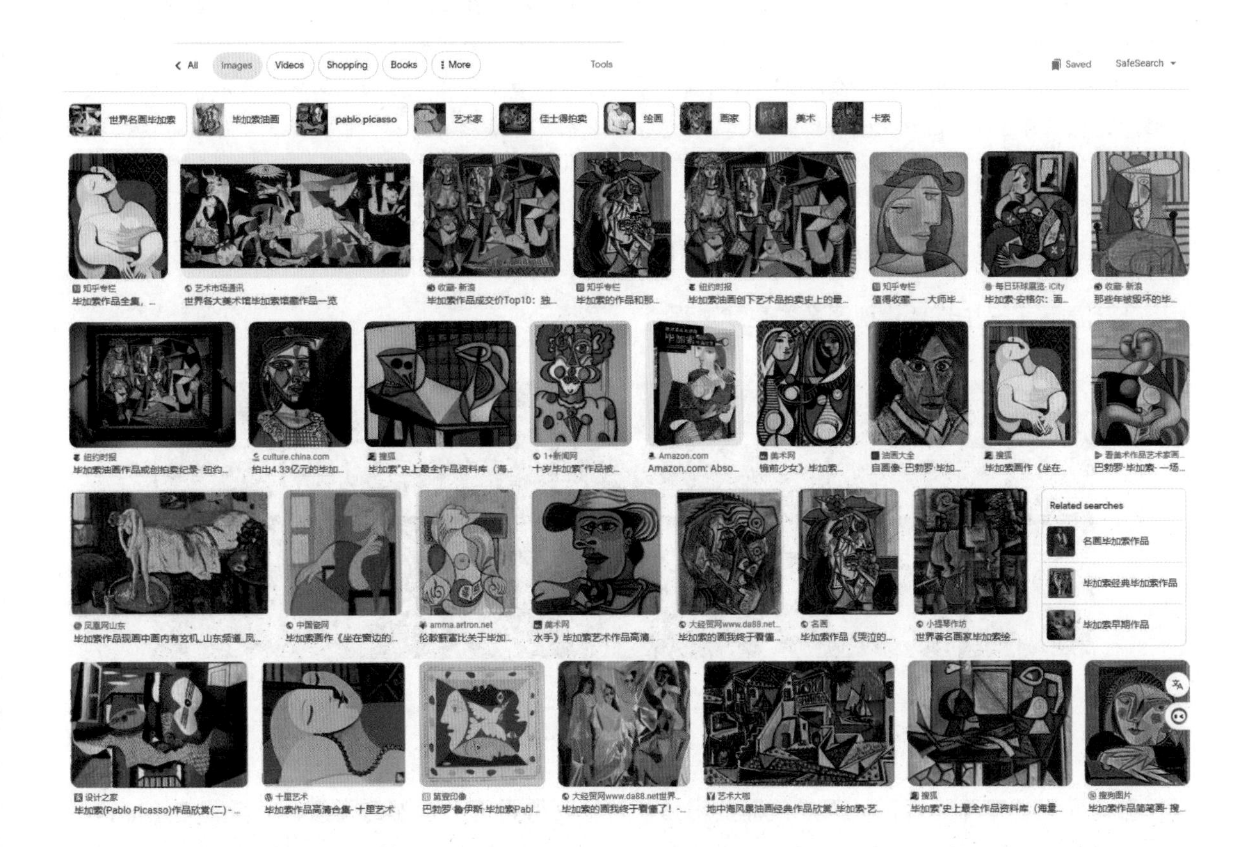

1.4.2 训练模型并评估

一旦有了清洗处理的数据，就可以选择合适的机器学习算法来进行训练。在人工智能绘画中，通常使用的算法包括卷积神经网络（CNN）和循环神经网络（RNN）。

通过将数据提供给机器学习模型，模型会逐渐学习到绘画的基本原则，如颜色、线条、构图等。这是一个反复迭代的过程，模型不断调整自己的参数，以提高对数据的拟合能力。当然，这个过程也少不了人工干预。

模型训练完成后，需要进行验证和评估以确保其性能。这通常涉及将新生成的画作与真实的艺术品进行比较，以评估生成的画作的质量和艺术性。

1.4.3 创作作品

经过第二个阶段后，则可以将人工智能绘画平台推向市场，让海量用户用其进行创作。在这个过程中，用户的创作操作也会帮助模型再次完善。

在人工智能绘画平台的前台，用户可以用自然语言或关键词来描述所需生成的图像，在其后台，则是人工智能绘画平台使用生成对抗网络（GAN）的生成器（generator）和判别器（discriminator）两个部分，在其相互对抗中，生成用户所需的图像。

» 生成对抗网络的关键思想在于生成器和判别器之间的竞争，生成器的目标是“欺骗”判别器，使其无法区分生成的数据和真实数据。而判别器的目标是尽可能准确地分辨出两者。

» 生成器的任务是接收随机噪声或随机输入，并将其转化为与训练数据相似的数据样本。在图像生成过程中，生成器可以将随机向量转化为逼真的图像。初始时，生成器的输出可能是噪声，但随着迭代步数增加，它逐渐生成更加逼真的图像。

» 判别器的任务是评估输入数据是真实训练数据，还是由生成器生成的假数据。它接收两种类型的输入，真实数据和生成器生成的数据，并尝试将它们区分开。

下图展示了一个红色玫瑰图像的生成过程。

1.4.4 理解基本步骤的意义

理解了上述基本步骤后，用户就需要明白，为了获得更符合预期的图像，就需要使用准确的数据标记词。例如，如果要获得抽象的绘画风格，无论如何描述其线条及构成，都不如直接使用“by picasso”这个关键词来得更直接、更快捷。

1.5 主流人工智能绘画平台

下面分别简单介绍几个当前主流的人工智能绘画平台。

1.5.1 文心一格

文心一格（https://yige.baidu.com/）是由百度公司推出的人工智能绘画平台，虽然目前来看其总体效果仍与下面几个平台有一定的差距，但其更新速度较快，对中文的理解度高，而且部分免费，使用门槛较低。因此，有希望成为国内普及度最高的人工智能绘画平台。

1.5.2 无界AI

无界 AI（https://www.wujieai.com/）隶属于杭州时戳信息科技有限公司，基于 AI 的全新内容创作平台，为用户提供先进且丰富的 AIGC 工具，致力于将 AI 生成艺术做到极致，以适配和满足不限于动漫、IP 制作、影视、设计、短视频创作等领域的内容生产需求，目前是国内最早实现“二次元”模型公测的 AI 绘画平台。

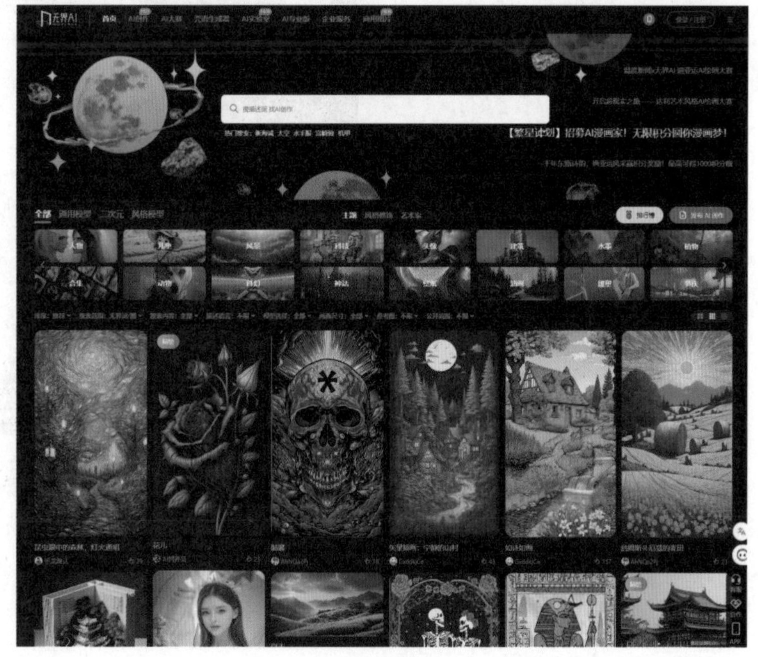

1.5.3 Liblib

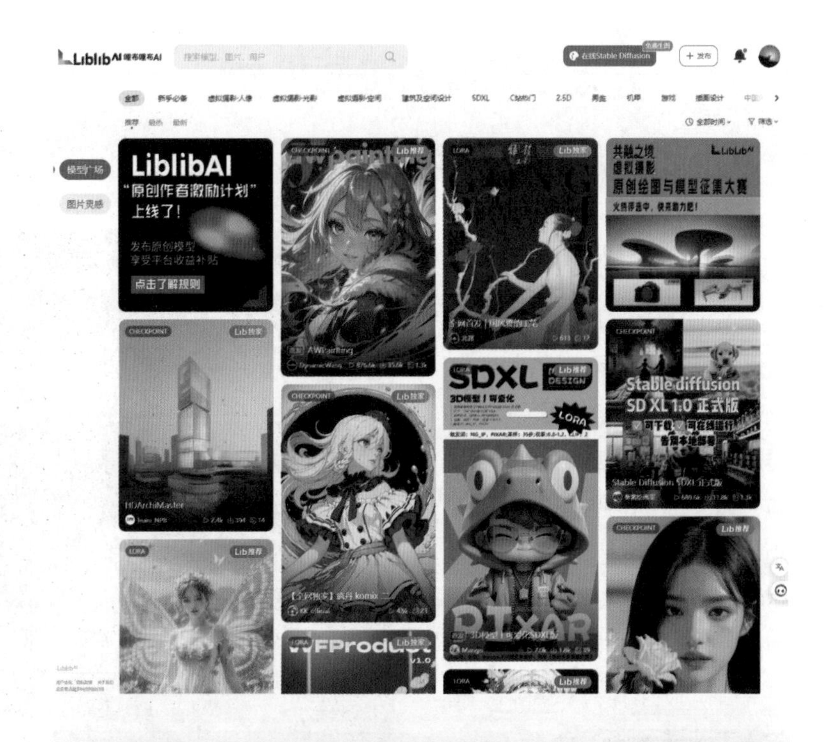

Liblib（https://www.liblibai.com/）是由北京奇点星宇科技有限公提供的 AI 绘画原创模型平台。

其特色是提供在线的 Stable Diffusion（简单扩散）生成服务，并且有大量模型素材。

该平台每天为每个用户提供 100 次出图额度，超出后需要付费。

1.5.4 触站AI

触站 AI（https://www.huashi6.com/ai/draw）专攻二次元风格，可以通过简单的选择操作生成效果不错的 AI 图片。

1.5.5 Midjourney

Midjourney 简称 MJ，是当前在人工智能绘画领域，付费用户最多的平台。

优点是简单易用，效果丰富、出图快速，只要简单的文本提示语，就能生成高质量的图像。

缺点是需要付费订阅，而且要有一定的英语基础。

Midjourney 以一个频道的形式运行。

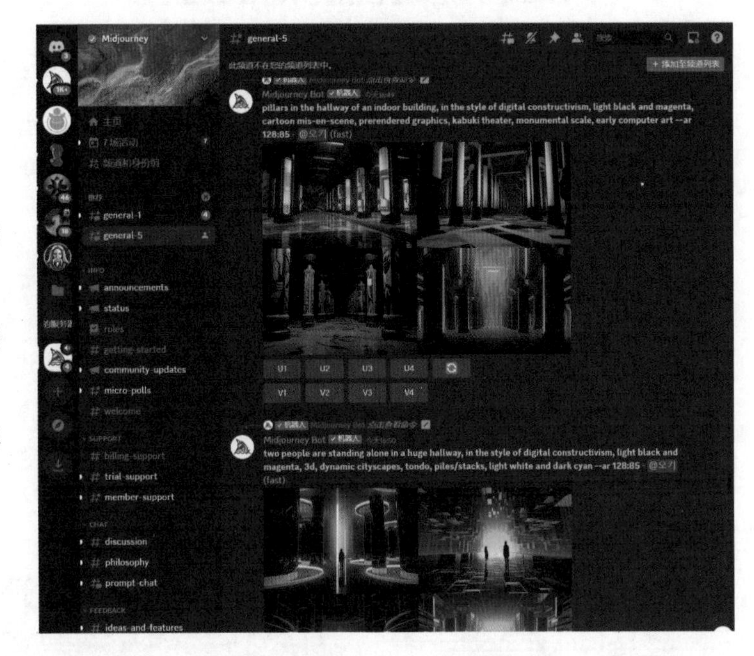

1.5.6 Stable Diffusion

Stable Diffusion 也是非常热门的人工智能绘画平台，其优点是开源、免费，用户可以将其布置在本地运行。但平台功能复杂、参数繁多，对本地机显卡要求较高，而且出图依赖于已经训练好且需要自行下载的模型文件，对用户的计算机技术、英语水平、学习能力有一定的要求。

1.5.7 dall-E

dall-E 是由 OpenAI 公司开发的人工智能绘画平台，正是此公司推出了火爆全网的 ChatGPT。因此，依靠强大的技术力量，dall-E 在人工智能绘画领域表现非凡，但是在效果丰富程度与效率方面与 Midjourney 有一定的差距。

1.5.8 leonardo.ai

leonardo.ai 是一个较新的人工智能绘画平台，出图质量可以与 Midjourney 媲美，但其模特在效果丰富程度方面仍有较大的提升空间。

1.5.9 其他

要获得更多关于人工智能绘画方面的信息，可以关注一些 AI 导航网站。网址请用微信扫描右侧二维码查看。

扫描查看网站

1.6 人工智能绘画的商业应用

无论是在海报设计、广告创意、插画绘制、UI 设计，还是在包装设计、图标设计等与图形图像密切相关的领域，都无法绕开素材搜集、创意灵感搜集、设计草稿的步骤。在传统的设计创意工作流程中，以上三个步骤有可能占到项目总时长的一半，甚至 70% ～ 80%。但 Midjourney 的出现极大改变了这一传统设计流程 。

1.6.1 在素材搜集整理阶段的应用

在素材搜集方面，创作者不再需要依靠关键词在图库中进行搜索，或者使用后期软件合成所需的素材，可以直接使用 Midjourney，提出自己的需求生成素材，尤其是底纹类、插画类、抽象图像类等，几乎完全可以依靠 Midjourney 生成。如下方展示的全是使用 Midjourney 直接生成的素材图片。

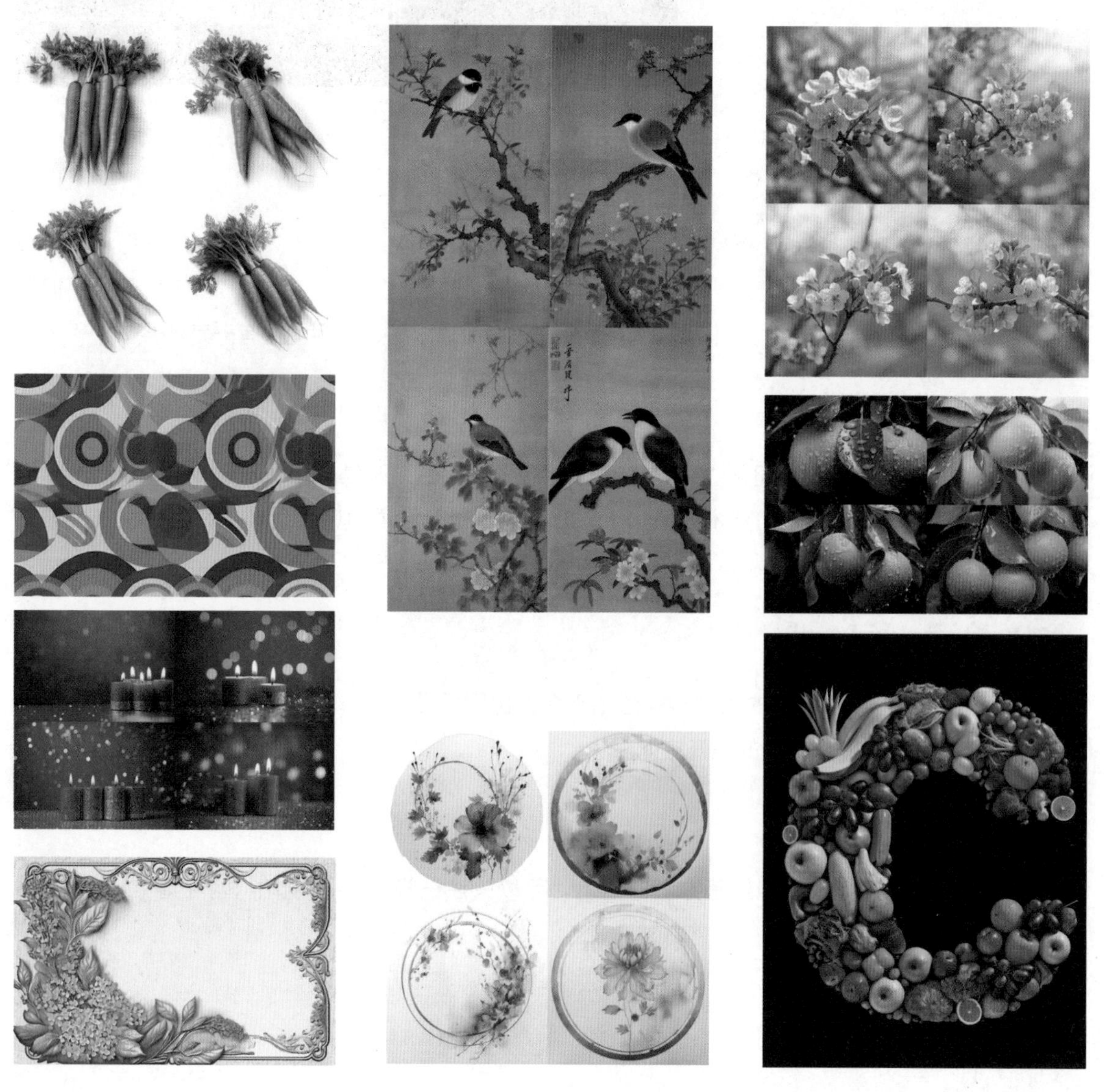

1.6.2　在创意灵感概念搜集阶段的应用

众所周知，绝大部分设计项目都不可能从零开始，在正式创作之前，创作者要搜索大量相关设计案例，然后结合项目的特点及自己的创意进行创作，这个阶段被称为“创意灵感搜集”，也正因为有这样的需求，才成就了花瓣网与 pinterest 这样的分类图片搜集整理网站。

在 Midjourney 加入工作流程的情况下，这个阶段的工作效率可能得到指数级提升，创作者只需在 Midjourney 中需要输入项目设计的类型、主题、主要元素、风格、参考设计师名称，就能大批量生成高质量设计方案。

例如，下左图为以现代别墅外观为主题生成的概念设计；下右图为女士背包设计方案。

1.6.3　在成品展示阶段的应用

对于诸如场景设计、造型设计、素材设计等设计项目，创意灵感概念搜集阶段与成品展示基本上是重合的。

而对于包装设计、海报设计等设计项目，可以先生成实拍效果或 3D 渲染效果的图像，再在后期软件中修改包装的商标图，如右图所示。

1.7 如何使用Midjourney

Midjourney 是一个运行在 Discord 平台上的软件，所以要用好 Midjourney，首先要对 Discord 有所了解。Discord 是一款免费的语音、文字和视频聊天平台，它允许任何用户在个人或群组中创建服务器，与其他用户进行实时聊天和语音通话，并在需要时共享文件和屏幕。因其功能强大、易于使用且免费，已成为广受欢迎的聊天程序之一。要使用 Midjourney 需要进行以下 4 个步骤的操作。

1.7.1 注册Discord账号

由于 Midjourney 运行于 Discord 平台，因此，需要先注册 Discord 账号，其方法与在国内平台上注册账号的方法类似。先登录其网站，单击“在您的浏览器中打开 Discord”按钮，然后按提示步骤操作即可。

1.7.2 绑定Midjourney账号

进入 Midjourney 官网，在首页的底部找到并单击 join the beta 按钮，按提示绑定 Discord 账号。

1.7.3 订阅Midjourney会员

由于 Midjourney 的用户数量增长过于迅猛，因此取消了免费试用的功能，目前要使用 Midjourney，只能通过付费订阅的形式实现。

在 Discord 命令行中输入 /subscribe，或者进入 https://www.Midjourney.com/account/ 网址，即可选择 3 种会员计划中的一种订阅方式。其中基础会员费为每月 8 美元，每月能出 200 张图；30 美元为标准计划，每月有 15 小时快速模式服务器使用时长额度；60 美元为专业计划，每个月有 30 小时快速模式服务器使用时长额度。此处提到的“快速模式”是指当用户向 Midjourney 提交一句提示语后，Midjourney 立即开始绘图。与此相对的是 Relax 模式，在此模式下，当用户向 Midjourney 提交提示语后，Midjourney 不会立即响应，只有在 Midjourney 服务器空闲的情况下，才开始绘画。此处提到的“服务器使用时长额度”是指，用户绘画占用的 Midjourney 服务器时间，这意味着，如果用户使用了更高的出图质量标准或更复杂的提示词，在同样的时长额度里，出图的数量就会减少。若要取消订阅，可以在 Discord 底部对话框中输入 /subscribe 命令并按 Enter 键，在机器人回复的文本中单击 open subscription page 按钮，在弹出的付款信息中单击 manager 按钮，再单击 cancel plan 按钮。

1.7.4 创建个人服务器

最后需要在 Discord 上单独开通服务器，邀请 Midjourney 机器人入驻个人服务器，这样做的好处是管理创作工作流更方便，在自己的创作工作流中不会插入其他人的操作。

第2部分

第2章 掌握 Midjourney 创作流程及常用命令

2.1 了解Midjourney的使用流程

根据要创建的作品的复杂程度，以及用户对作品的要求，使用 Midjourney 创作时，流程可以简单到只输入一句提示语，也可能复杂到需要多次执行变化操作，最后还需要进行局部修改。

下面是一个较为复杂的创作案例，以便读者了解完整的 Midjourney 创作流程。

在这个案例中，笔者希望创建一幅图像，图像描述的是在一个美国西部的小酒馆，一群牛仔正在喝酒，桌子上有空酒瓶，屋内灯光昏暗。

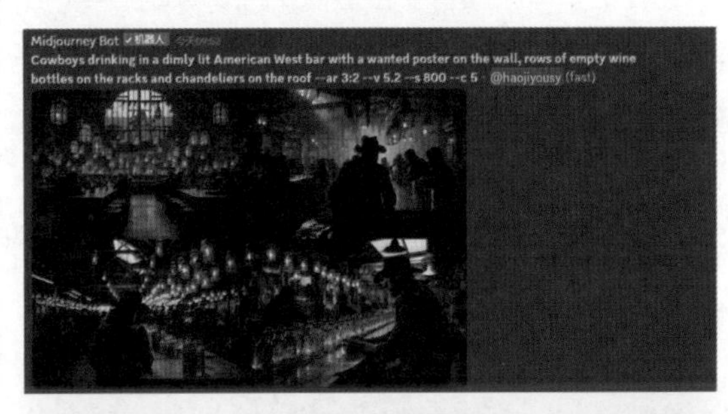

根据这个描述，笔者首先使用的提示语为 Cowboys drinking in a dimly lit American West bar with a wanted poster on the wall, rows of empty wine bottles on the racks and chandeliers on the roof。并添加了参数 --ar 3:2 --v 5.2 --s 800 --c 5，这些参数的含义，将在后文详细讲解。

输入上述提示语与参数后，得到如右图所示的效果。

观察 4 幅图像会发现，所有人物均为背影，而且桌子上的酒瓶太多，因此，笔者对提示语进行了调整。

新的提示语为 cowboys drinking in a dimly lit American west bar with a wanted poster on the wall, chandeliers on the roof,several empty bottles lying down on the table,wide angel,American western movie style, movie lighting,tense atmosphere --ar 3:2 --v 5.2 --s 800 --c 5。

与第一次相比，修改了对于空酒瓶的描述，并添加了广角、西部电影风格、电影灯光及紧张气氛等关键词，获得了右侧的 4 幅图像。

从图像效果来看，4 幅图像中，左上图、右上图、右下图的相对不错，尤其是左上图与右上图的灯光气氛渲染到位，右下图由于有明显的人物表情特写，因此也很不错，但整个画面显得较为局促，场景不够大。

根据上面的分析，分别单击 V1、V2、V4 按钮，在这些图像的基础上再次进行衍变绘制，生成有变化的 4 幅图像，获得下图展示的效果。

这三组图像中，笔者比较喜欢由右下图生成的 4 幅图像中的左下图，其他两组图像的场景与光线虽然也非常不错，但略显生硬。

因此，单击这一组图像的 V3 按钮，以再次针对这张图像进行衍变绘制，以得到有变化的 4 幅图像，如右图所示。

在这 4 幅图像中，并没有找到效果更好的图像，因此，返回单击上一组图像的 U3 按钮，以获得放大后的图像。

同前文所述，笔者认为这幅图像的场景有一点儿局促，因此，在图像下方单击 Zoom Out 1.5x 按钮，以扩展画面。

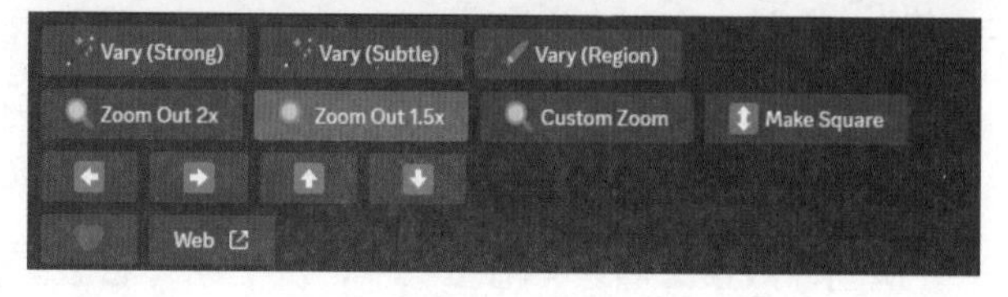

画面扩展后，得到右图所示的 4 幅图像。

在这 4 幅图像中，笔者比较喜欢左下图，因为主角的背面有一个人物，这样的构图丰富了场景、平衡了画面。

因此，通过单击 U3 按钮，对其进行放大。

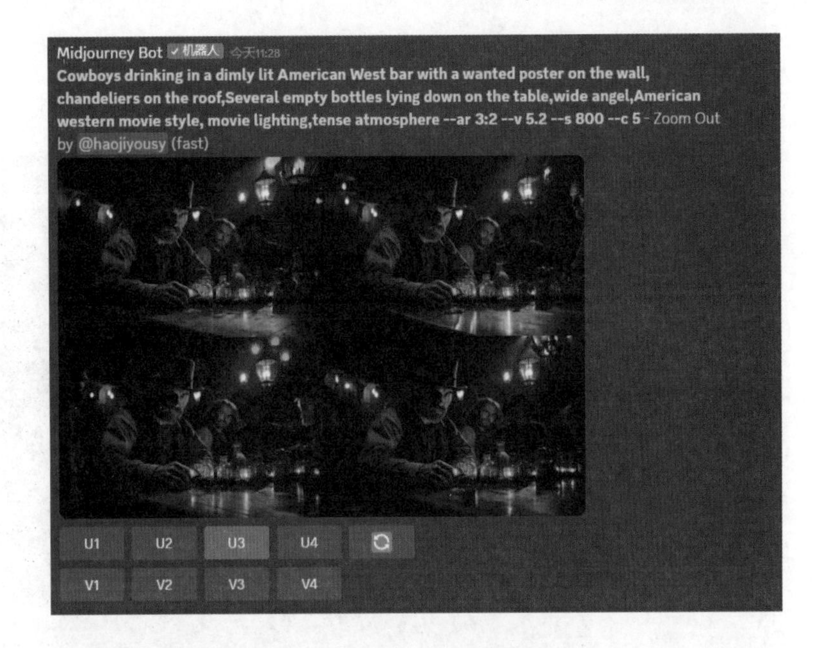

仔细观察放大后的图像，会发现屋顶上的灯有明显的问题，因此，在放大后的图像下方单击 Vary(Region) 按钮。

在弹出的局部重绘窗口中，用工具将顶部的灯选中，然后在命令提示框中输入 Vintage Western Saloon Pendant Light，以获得复古的灯具。

通过局部重绘，得到的 4 幅图像如下图所示，在这 4 幅图像中，右下图的效果比较好。此时，可以直接单击 U4 按钮，获得放大图像。

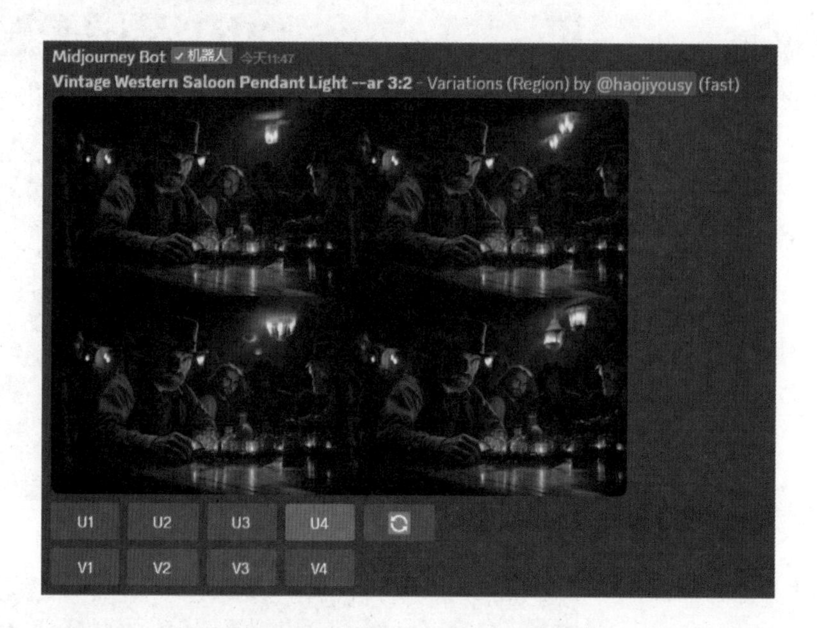

接下来按照同样的方法，通过局部重绘功能让 Midjourney 重绘桌子上的酒瓶，并在生成的变化图像中选择令人满意的图像，最终得到如下图所示的效果。

通过上述步骤可以看出来，如果要获得一幅效果还算令人满意的图像，起点是一句准确的提示语，并在此基础上，通过反复单击 V# 按钮与 U# 按钮，对效果进行衍变重绘。

再从再次绘制得到的图像中，选择有潜力的图像，并在此基础上利用场景放大、局部重绘的功能，对图像进行加工处理。

以上这些功能，均在后文对应的章节中进行详细讲解。

由于 Midjourney 在生成图像时，有很强的随机性，有时可能一次就能够得到令人满意的图像，有时需要反复操作，因此，运气与耐心是获得成功作品的必备要素。

2.2 掌握Midjourney命令区的使用方法

Midjourney 生成图像的操作是基于命令或带参数的命令来实现的，当进入 Discord 界面后，在底部可以看到命令输入区域，在此区域输入 /，则可以显示若干个命令，如下图所示。

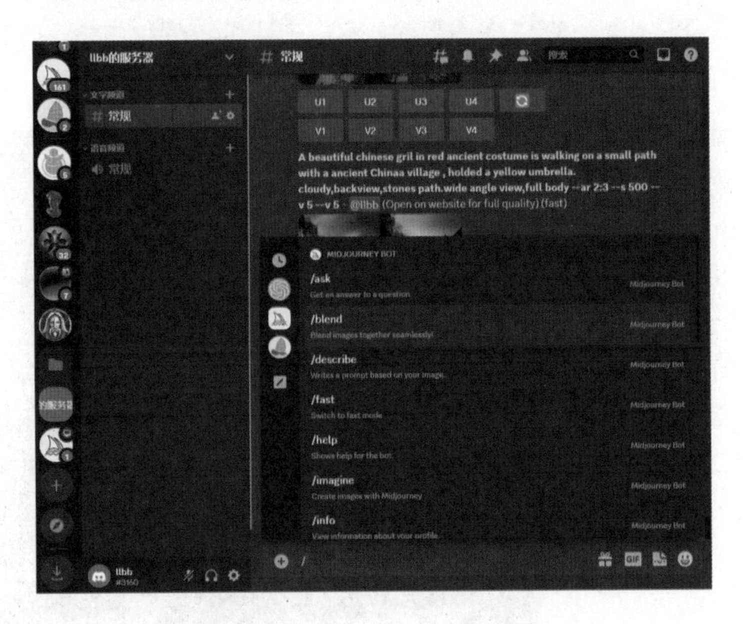

可以在此直接选择某一个命令并执行，也可以直接在 / 符号后输入拼写正确的命令。如果被选中的命令需要填写参数，则此命令后面会显示参数类型，如下左图所示的 /blend 命令，如果命令可以直接运行无须参数，则命令显示如下右图。

需要注意的是，前面提到的“参数”是一个广义词，根据不同的命令，参数有可能是一段文字，也有可能是一幅或多幅图像。

在实际应用过程中，可以通过在 / 符号后输入命令首字母或缩写的方法，快速显示要使用的命令，例如，对于使用频率最高的 /imagine，只需输入 /im，就能快速显示此命令，如下左图所示。

如果单击命令行左侧的 + 按钮，可以显示如下右图所示的菜单，使用其中的 3 个命令，可以完成上传图像、创建子区及输入 / 符号等操作。

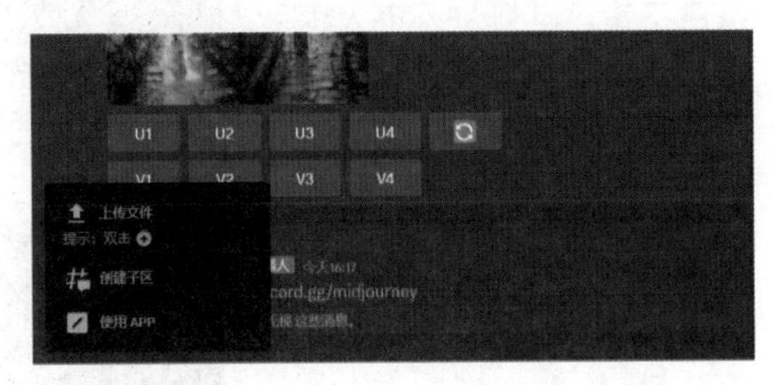

2.3 用imagine命令生成图像的步骤

2.3.1 初次生成

/imagine 命令是 Midjourney 中最重要的命令，在 Midjourney 的命令提示行中找到或输入此命令后，在其后输入提示语，即可得到所需的图像，如下图所示。

在 /imagine 命令下面的英文部分 Cowboys drinking in a dimly lit American West bar with a wanted poster on the wall, chandeliers on the roof,Several empty bottles lying down on the table,wide angel,American western movie style, movie lighting,tense atmosphere 用于描述图像。

--ar 3:2 --s 750 --v 5.1 --style raw 是参数。

使用此命令会生成 4 幅图像，如右图所示，这 4 幅图像被称为四格初始图像。

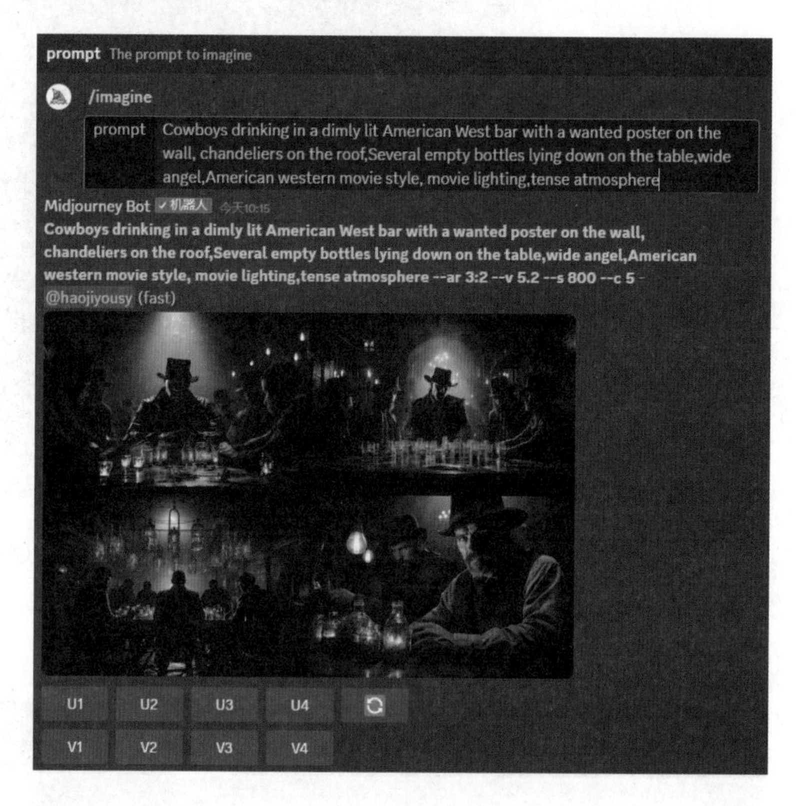

2.3.2 衍变图像

如果所有 4 幅图像无法令人满意，可以单击“刷新”按钮，生成新的 4 幅图像。

如果认为某一幅初始图像还不错，但细节还不太满意，可以单击 V1 ～ V4 按钮，对初始图像做衍变重绘操作。

例如，单击 V1 后，可以基于第一组 4 幅初始图像中的左下图生成如右图所示的图像。

2.3.3 放大图像

如果认为初始图像效果不错，或者通过衍变操作获得了不错的图像。可以单击 U1 ～ U4 按钮，对图像进行放大，以得到高分辨率图像。

U1 按钮对应左上图、U2 按钮对应右上图、U3 按钮对应左下图、U4 按钮对应左下图。

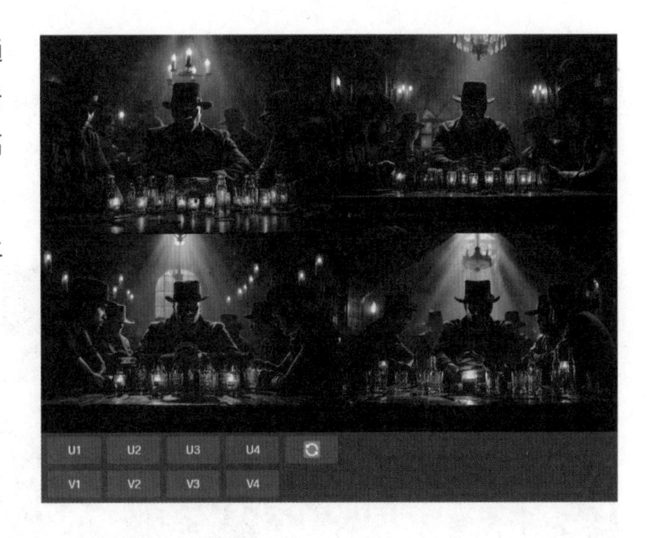

2.3.4 再次衍变操作

对于生成的高分辨率大图，可以在大图基础上再次执行衍变操作。单击 Vary(Strong) 按钮能生成产生变化幅度更大的 4 幅图像，如下左图所示；单击 Vary(Subtle) 按钮能生成变化更微妙的 4 幅图像，如下右图所示。此时提示词的后面有 Variations (Strong)、Variations (Subtle) 的字样，如下方两幅图中笔者刷蓝选中的文字部分。

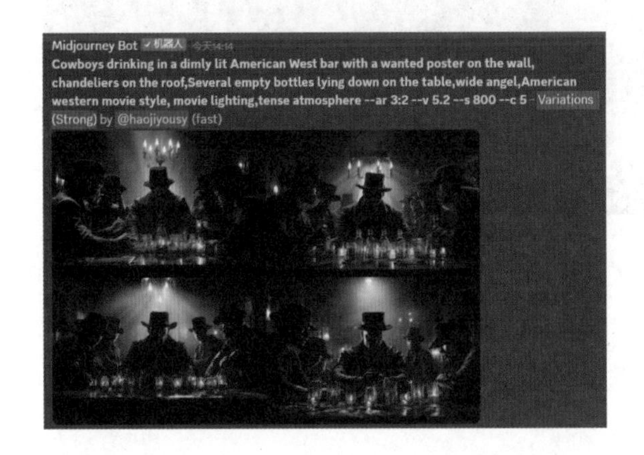

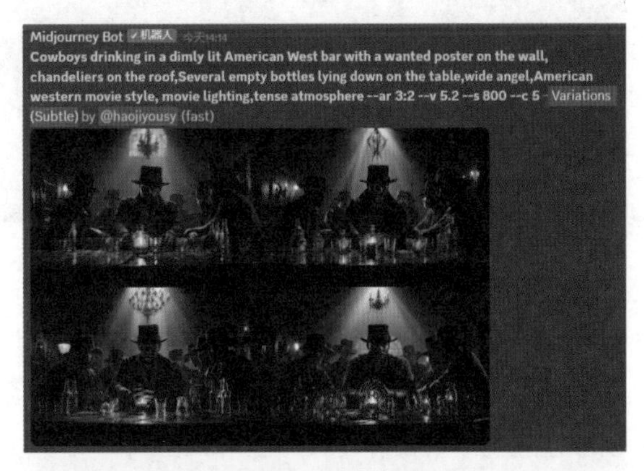

需要注意的是，虽然单击上述两个按钮后，按钮呈现绿色已单击状态，但仍然可以重复多次单击这两个按钮，以获得不同的效果，右图所示为再次单击 Variations (Strong) 按钮后的效果。

2.3.5 Zoom Out按钮的使用方法

在 Midjourney 更新 5.2 版后，提供了强大的 Zoom Out 功能，使用此功能可以无限扩展原始图像，这个功能类似目前许多 AI 软件提供的扩展画布功能。

例如，左上方为原图，在此基础上，可以连续扩展为下面展示的一系列图像，从而使要表现的场景不断扩大。

这意味着，对于初级 Midjourney 用户来说，在撰写提示词时，不必过于纠结关于景别的单词是否描述准确，只要获得局部图像，就可以通过 Zoom Out 功能得到全景图像。但对于高级用户来说，必须要清晰的是，使用这种方法获得的全景图像与使用正确的全景景别提示词，所获得的图像在透视效果上有较大的区别。

Zoom Out 功能的使用方法是，先按常规方法获得 4 幅初始图像，单击 U# 按钮生成大图。然后单击图像下方的 Zoom Out 2x 或 Zoom Out 1.5x 按钮，如下图所示。如果希望获得其他的放大倍率，单击 Custom Zoom 按钮，并在 --zoom 后面填写 1.0 ～ 2.0 的数值。

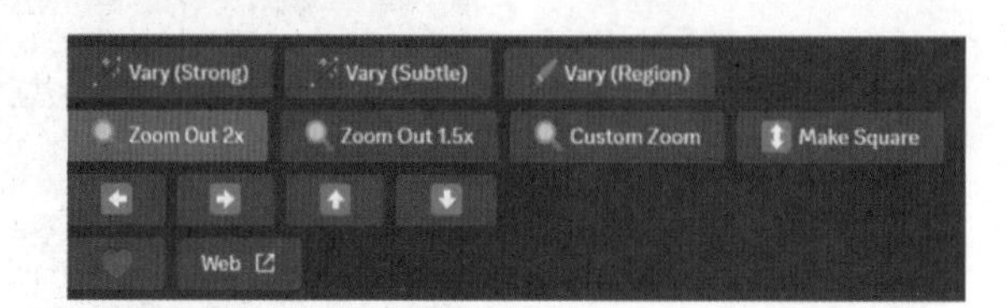

2.3.6 Pan按钮的使用方法

Pan 按钮是指在 Midjourney 放大的图像下方的 4 个箭头按钮，如下左图所示。其作用类似 Zoom Out 按钮，但其效果是使画面仅向某一个方向扩展。

这一个功能弥补了 Zoom Out 按钮只能向四周扩展画面的不足，使画面扩展更加灵活，例如，如下右图为单击向右箭头按钮扩展画面得到的效果。

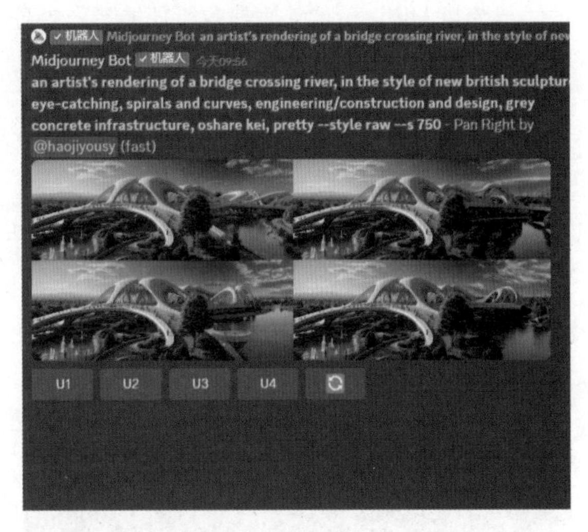

针对扩展得到的 4 幅新图像，可以在单击 U# 按钮放大后，再次进行扩展。

但需要注意的是，目前 Midjourney 不支持对同一图像同时在垂直及水平方向上扩展。因此，当单击向右箭头按钮后，在生成的大图下方只能看到两个水平方向的按钮，如下左图所示。

此时可以单击 Make Square 按钮，将此图像扩展为正方形图像，或者继续水平扩展图像得到如下右图所示的效果。

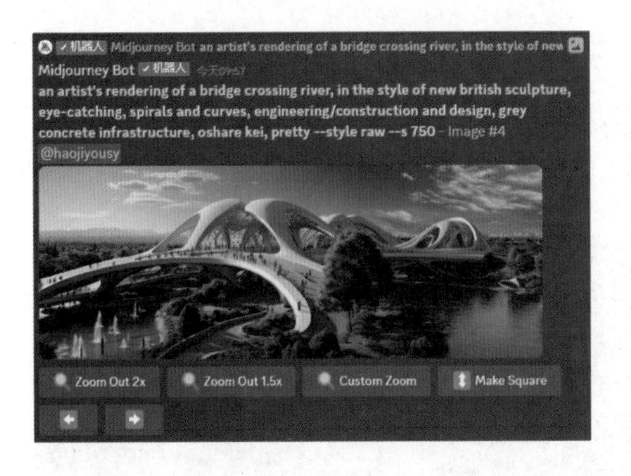

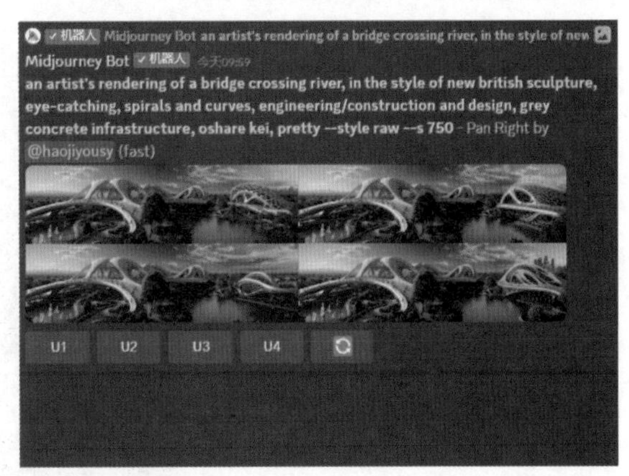

按此方法经过多次操作，可以获得类似全景照片的高分辨率图像，或者用这些素材生成类似平移镜头扫视的视频素材。

2.3.7 Vary(Region)局部重绘按钮

1. 了解局部重绘

长期以来，使用 Midjourney 生成图像都有一个比较大的问题，即图像效果的随机性过强。因此，有时得到的图像会出现局部不能够令人满意的情况。在这种情况下，只能将图像导入 Photoshop 中进行修改了。

但使用 Midjourney 局部重绘功能后，处理手段就会简单许多，只需让 Midjourney 针对用户指定的局部进行再次生成即可。

例如，如下左图所示为有古董车的原图，经过局部重绘后，可以在保持其他区域不变的情况下，将汽车更换为绿色的跑车，如下右图所示。

当然，也必须指出的是，局部重绘的效果也有相当大的随机性。因此，有时使用 Midjourney 的局部重绘功能的效率，还不如使用 Photoshop 更高。

2. 局部重绘的使用方法

要使用局部重绘功能，需要先单击 U# 按钮对图像进行放大，此时在图像下方将出现 Vary(Region) 按钮。

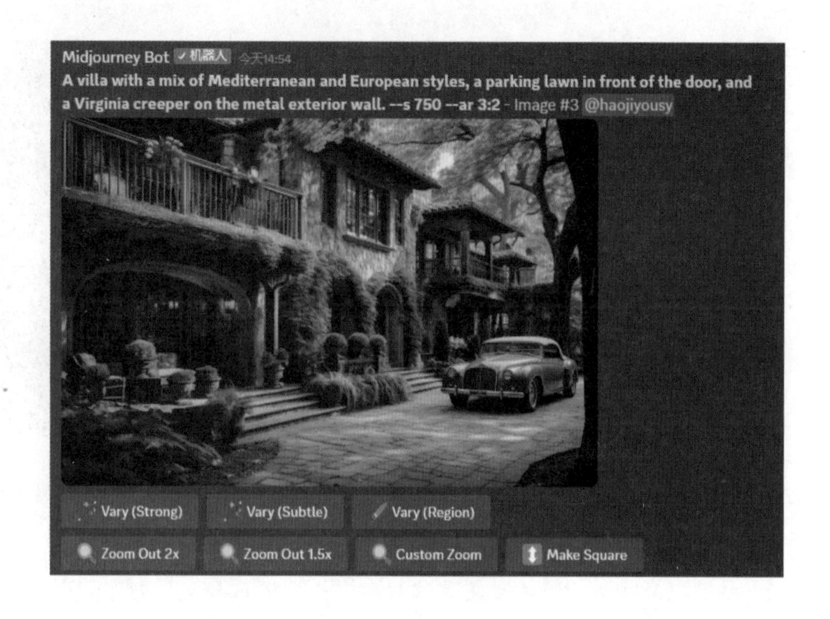

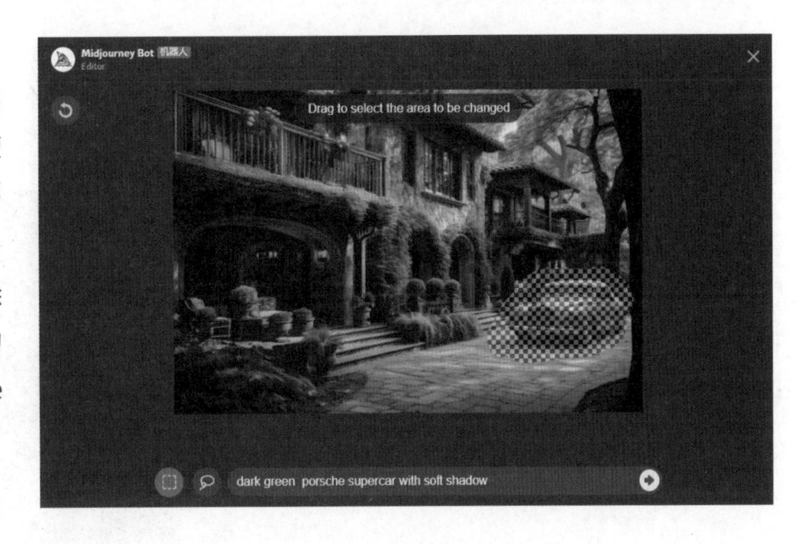

单击 Vary(Region) 按钮，进入局部重绘的界面，针对要重绘的局部创建一个选区，使其变为马赛克状态，完成局部重绘区域的定义。

在下方的描述语框中删除或修改语句，例如，将语句修改为 dark green porsche supercar with soft shadow。

最后单击向右箭头按钮，即可得到新的 4 幅图像。

在默认情况下，用于定义局部重绘区域的是“方形选框工具”，用于创建规则的选区，如果要重绘的区域是不规则的形状，则要使用“套索工具”。如果要撤销某一次操作，可以单击左上角的“撤销”按钮。

3. 局部重绘的使用技巧

使用局部重绘功能，可以完成修复局部元素、替换局部元素、删除局部元素、添加局部元素的任务。

在上面的示例中，展示的就是替换局部元素的操作。如果要添加局部元素，可以在画出要重绘的区域后，在提示语中添加要出现在图像中的描述词。

要删除局部元素，只需画出对应的区域，清空提示语输入框即可，如下左图所示。

如果要修复局部元素，只需画出对应的区域，保持原提示语不变即可。

2.3.8 针对旧作品使用Vary(Region)局部重绘功能

1.新旧作品按钮的区别

在 Midjourney 中，放大生成的旧作品后，下方的按钮如右图所示，可以看出来没有 Vary(Region) 按钮。因此，即使在作品列表中找到了旧作品，也无法使用这些新的功能。

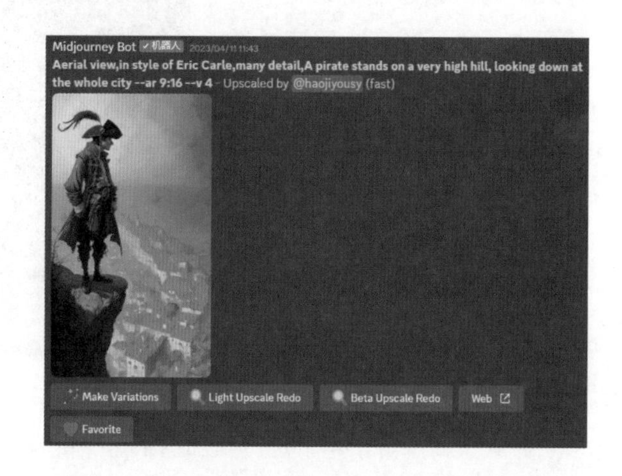

2.旧作品使用新功能的方法

要针对旧作品使用局部重绘功能，可以按下面的步骤进行操作。

01 在旧作品的下方，单击Web按钮，在弹出的转至新网址对话框中，单击“访问网站”按钮。

02 在新打开的网页中，先单击 ... 按钮，再执行Copy→Job ID命令，复制生成这幅图像的完整ID，如右图所示。

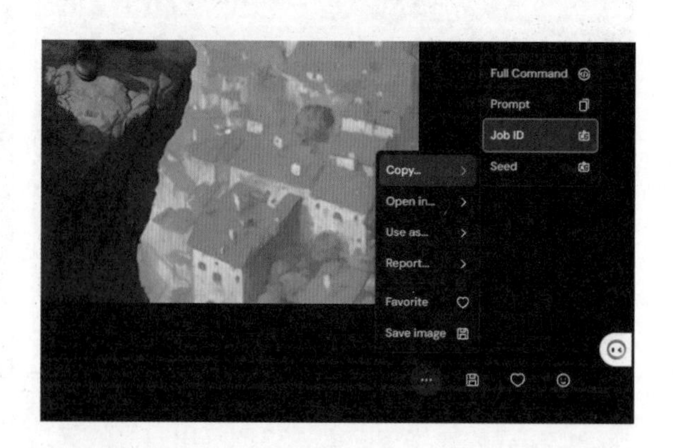

03 返回Midjourney命令输入行，输入/show命令，并在其后面粘贴第2步拷贝的任务ID，如右图所示。

04 此时，可以在作品创作列表的底部看到再次显示的旧作品，并且其下方有Vary(Region)按钮，如右图所示。

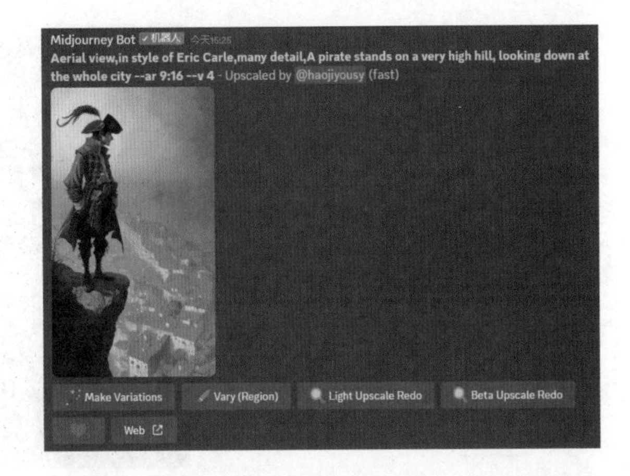

05 单击Vary(Region)按钮，在对话框中输入新的提示词，并画出要重绘的区域，如右图所示。

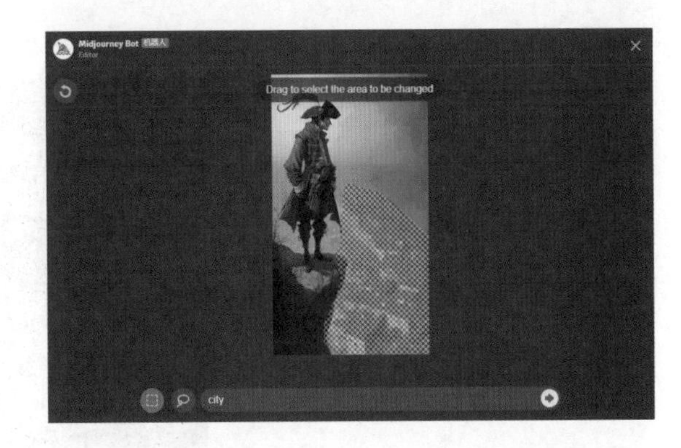

按上述步骤操作，即可针对旧作品进行局部重绘，所得的效果如右图所示。

2.3.9 查看详情、学习优秀作品、保存图像

如果要查看此图像的详情，可以单击大分辨率图像下方的 Web 按钮。

此时会进入作品查看页面，在此页面中可以看到提示词、参数和图像分辨率等信息，如右图所示。

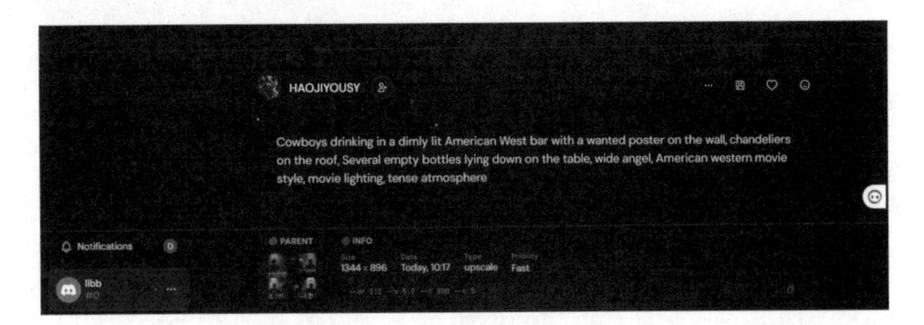

值得一提的是，在这个页面的下方，还能看到许多同类图像，如右图所示。

用户可以通过查看优秀同类图像的提示词，来修正自己的提示词，以得到更优质的图像。

将鼠标指针放在某一幅图像上时，通过先单击按钮，再执行 Copy → Full Command 命令，可以复制生成这幅图像的完整命令，然后将其粘贴到命令行中，编辑其中的关键词后，即可生成新的图像。

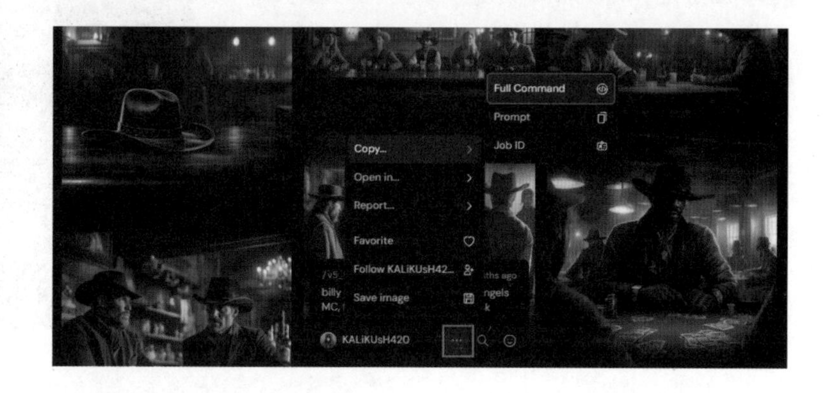

在这个页面中，还可以通过单击 Save Image 按钮，保存 4 幅图像或经过单击 U# 按钮生成的高分辨率图像。

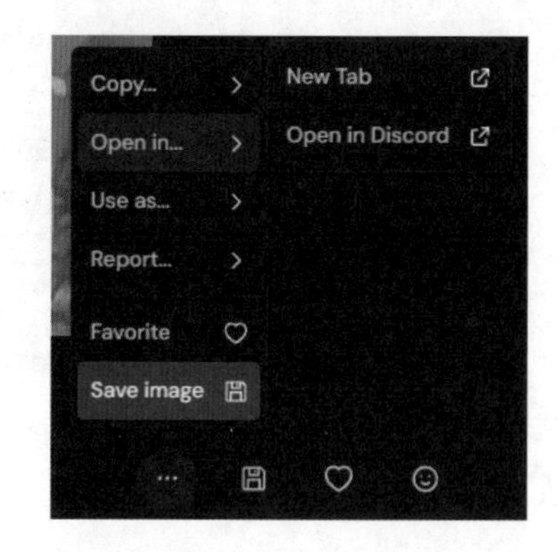

2.4 以图生图创作新图像

2.4.1 基本使用方法

Midjourney 具有很强的模仿能力，可以使用图像生成技术生成类似原始图像的新图像。这种技术使用深度学习神经网络模型来生成具有相似特征的图像。

在图像生成中，神经网络模型通常被称为“生成对抗网络”，由生成器和判别器两个神经网络组成。生成器负责生成新图像，而判别器负责识别生成器生成的图像是否与真实图像相似。这两个神经网络不断互相对抗和学习，使生成的图像逐渐接近用户上传的参考图像。

具体使用步骤如下。

01 单击命令行中的+按钮，在菜单中执行“上传文件”命令，然后选择参考图像。

02 图像上传完成后，会显示在工作窗口。

03 选中这张图像，然后右击，在弹出的快捷菜单中执行“复制图片地址”命令，然后单击其他空白区域，退出观看图像状态。

04 输入或找到/imagine命令，在参数区先按快捷键Ctrl+V执行粘贴操作，将上一步复制的图片地址粘贴到提示词的最前方，然后按空格键，并输入对生成图片效果、风格等方面的描述，再添加参数，按Enter键确认，即可得到所需的效果。

下左图所示为上传的参考图像，下中图所示为生成的 4 幅初始图像，下右图所示为放大其中一幅图像后的效果，可以看出整体效果与原参考图像相似，质量不错。

2.4.2 控制参考图片的权重

当用前文所讲述的以图生图的方法进行创作时，可以用图像权重参数 --iw 来调整参考图像对最终效果的影响程度。较高的 --iw 值意味着参考图像对最终结果的影响更大。

不同的 Midjourney 版本模型具有不同的图像权重范围。

对于 V5 版本，此数值默认为 1，数值范围为 0.5 ～ 2；对于 V3 版本，此数值默认为 0.25，数值范围为 –10000 ～ 10000。

右图所示为使用的参考图，提示语为 flower --v 5 --s 500，下面 4 组图像为 --iw 参数分别为 0.5（左上）、1（右上）、1.5（左下）、2（右下）时的效果。

通过图像可以看出，当 --iw 数值较小时，提示语 flower 对最终图像的生成效果影响更大；但当 --iw 数值为 2 时，生成的最终图像与原始图像非常接近，提示语 flower 对最终图像的生成效果影响不大。

2.4.3　使用自制拼贴图进行创作

使用图生图功能时，一个有用的技巧是自制参考图，这需要有一定的 Photoshop 软件应用技巧，但却可以得到更符合需求的参考图。用户可以根据自己的想象，将若干个元素拼贴在一幅图中，操作时无须考虑元素之间的颜色、明暗匹配关系，只需考虑整体构图及元素比例即可。例如，下左图所示为使用若干元素拼贴的一幅参考图，可以明显看出各个元素之间的颜色与明暗有很大差异。下中图所示为根据此参考图得到的 4 幅初始图像，下右图所示为放大后的效果。

下面展示另外两组使用自制图方法制作的图像示例。

2.5 用Blend命令混合图像

/blend 是一个非常有意思的命令，当用户上传 2 ～ 5 幅图像后，可以使用此命令将这些图像混合成一幅新的图像，这个结果有时可以预料，有时则完全出乎意料。

2.5.1 使用方法

01 在命令行中找到或输入/blend后，Midjourney显示如下图所示的界面，提示用户要上传两张图片。

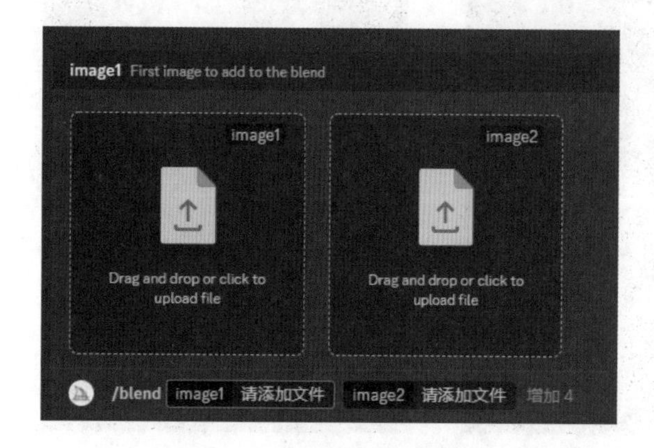

02 可以直接通过拖动的方法，将两幅图像拖入上传框中，如下图所示为上传图像后的界面。

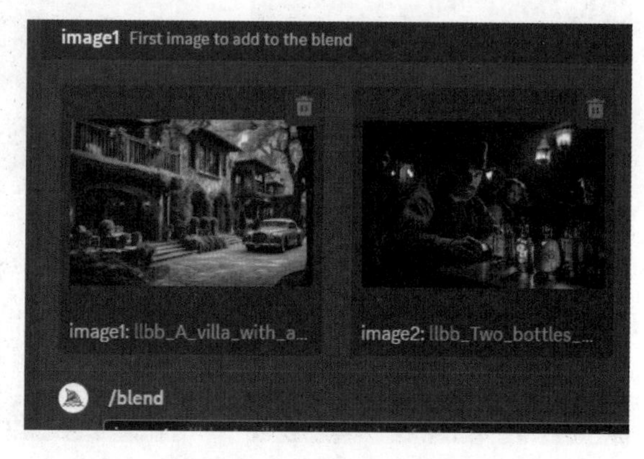

03 在默认情况下，混合生成的图像是正方形的，但也可以自定义图像比例，方法是在命令行中单击，此时Midjourney会显示更多参数，其中dimensions用于控制比例。

04 在此可以选择Portrait、Square或Landscape 选项。其中，Portrait生成2:3的竖画幅图像；Square生成正方形图像；Landscape生成3:2的横画幅图像。

05 按Enter键后，Midjourney开始混合图像，得到如右图所示的效果。从最终图像来看，综合了两张图像的元素，可以说效果还算比较符合逻辑。

2.5.2 混合示例

可以尝试使用 /blend 命令混合各类图像，以得到改变风格、绘画类型、颜色等元素的图像，下面是一些示例，左侧两图为原图，右侧图为混合后的效果。

2.5.3 使用/blend命令注意事项

使用 /blend 命令混合图像的优点是操作简单，缺点是无法输入文本提示词。因此，如果希望在混合图像的同时，还能够输入自定义的提示词，应该使用前文讲述的 /imagine 命令，通过上传图像后获得图像链接地址进行混合的方法。

2.6 用describe命令自动分析图片提示词

Midjourney 的一大使用难点就是撰写准确的提示词，这要求用户有较高的艺术修养与文字功底，针对这一难点 Midjourney 推出了 describe 命令。

使用 describe 命令，可以让 Midjourney 自动分析用户上传的图片，并生成对应的提示词。虽然每次分析的结果可能并不完全准确，但大致方向没问题，用户只需在 Midjourney 给出的提示词基础上稍加修改，就能得到个性化的提示词，进而生成令人满意的图像。

下面是基本使用方法。

01 找好参考图后，在Midjourney命令行处找到/describe命令，此时Midjourney将显示一个文件上传窗口。

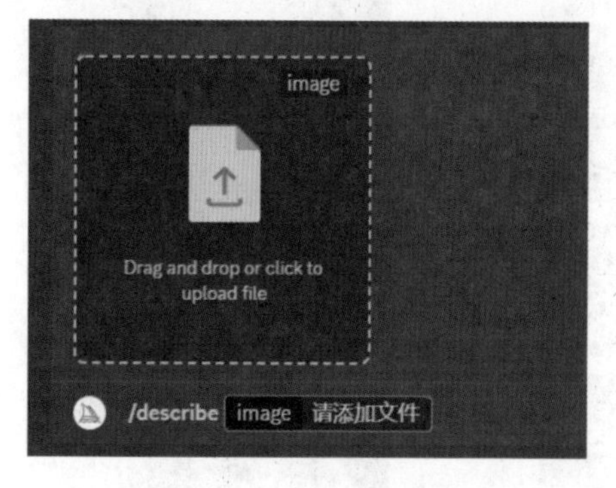

02 将参考图直接拖入此窗口，以上传此参考图，然后按Enter键。

03 分析Midjourney生成的提示关键词，在图片下方单击认可的某一组提示词的序号按钮。

04 例如单击的是1号按钮，并在打开的文本框中对提示词进行修改。

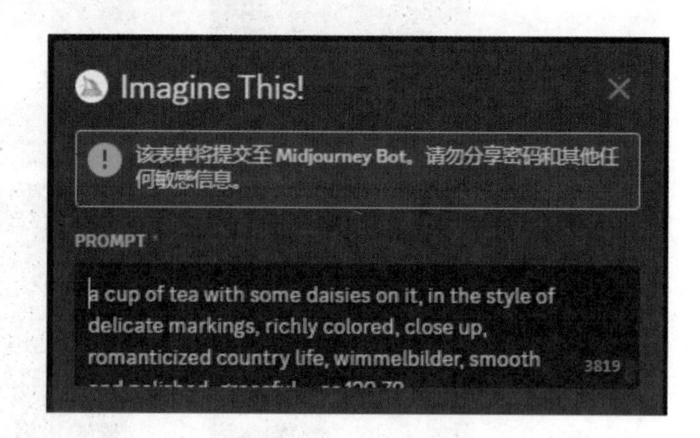

05 第一次生成的图像效果如下图所示，可以看到效果并不理想，因此，需要重新调整提示词。

06 分析提示词后发现，由于Midjourney分析生成的提示词中没有针对视角及杯子的描述词，因此，需要将提示词修改为aerial view,a cup of tea with some daisies on it,victoria style ceramic tea cup, luxury , richly colored, close up, smooth and polished, graceful，并添加参数 --ar 3:2 --v 5 --q 2 --s 100，最终得到以下效果。可以看出，左下图基本能满足要求。

2.7 用remix命令微调图像

如前文所述，当生成 4 幅初始图像时，单击 V# 按钮，可以在某一幅初始图像的基础上，再进行衍变操作生成新的图像。此时的衍变操作基本上是随机的，用户无法控制衍变的方向与幅度。

为了增加效果的可控性及图像的精确度，Midjourney 新增了 /prefer remix 命令。执行此命令后，可以进入 Midjourney 的可控衍变状态，Midjourney 将弹出如下提示，提示用户进入了 remix 模式。

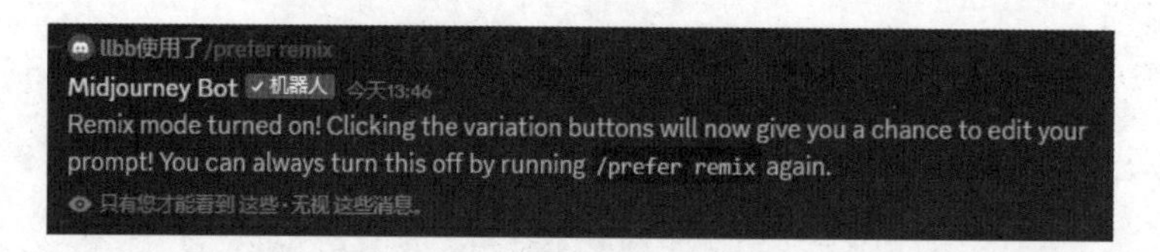

此时，再单击 V# 按钮，将弹出一个提示语修改框，在此框中修改关键词后，即可使 Midjourney 在衍变时更精确，得到的效果也更可控。

例如，使用提示语 wonderful ethereal ancient chinese white gold dragon floats over a crazy wave sea, high quality, cloudy --s 1000 --q 2 --v 5 --ar 3:2 生成了右侧的图像，其中龙的身体被定义为金色。

针对 4 幅初始图像的右上图，如果希望将龙的颜色修改为银色，则可以单击对应的 V2 按钮。

在弹出的 Remix Prompt 对话框中将 white gold dragon 修改为 silver dragon，可以得到银色龙身。

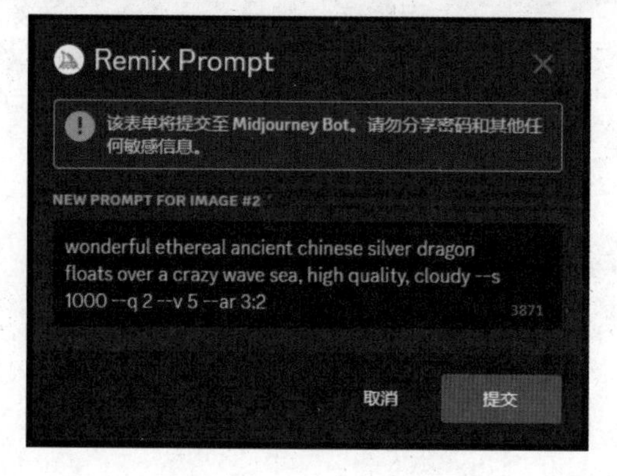

可以根据需要再次进行衍变处理，例如，单击 V1 按钮后，在弹出的对话框中添加 red glowing eyes 关键词，为龙增加发红光的眼睛，此时得到右图所示的图像。

2.8 用info命令查看订阅及运行信息

在 Midjourney 命令区输入或找到 /info 命令，直接按 Enter 键，可以显示如下信息，以查看自己账户的运行情况。

your info（你的信息）

subscription: standard (active monthly, renews next on 2023 年 4 月 27 日晚上 8 点 54 分)（订阅：标准版（已激活，下次续订时间为 2023 年 4 月 27 日晚上 8 点 54 分））

job mode: relaxed（任务模式：轻松模式）

visibility mode: public（可见性模式：公开）

fast time remaining: 0.85/15.0 hours (5.64%)（快速时间剩余：0.85/15.0 小时（5.64%））

lifetime usage: 9536 images (163.42 hours)（已使用情况：9536 张图片（163.42 小时））

relaxed usage: 1605 images (26.02 hours)（轻松模式使用情况: 1605 张图片（26.02 小时））

queued jobs (fast): 0（待处理的任务（快速）：0）

queued jobs (relax): 0（待处理的任务（轻松）：0）

2.9 用shorten命令对提示语进行分析

shorten 命令可以帮助用户分析自己撰写的提示语，并通过删除线来指出哪些单词无效，哪些单词是关键词。

操作时在 Midjourney 命令区输入或找到 /shorten，然后输入一段提示语，按 Enter 键后，Midjourney 就会显示如下左图所示的提示，其中加粗显示的提示词，Midjourney 认为更重要，而有删除线的提示词被认为无用。如果单击下方的 Show Details 按钮，则会显示如下右图所示的提示。在此，Midjourney 以数值及阴影图的方式，对各个单词进行标注。例如，Midjourney 认为 Frost 关键词最重要。

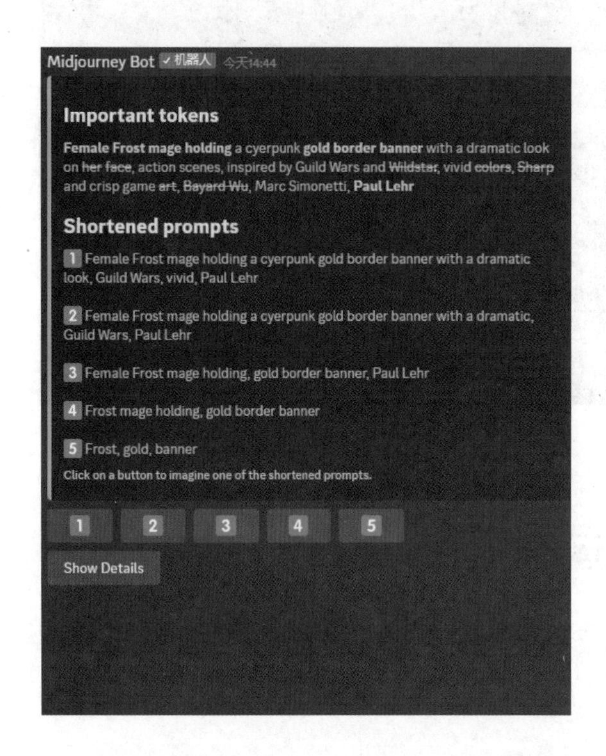

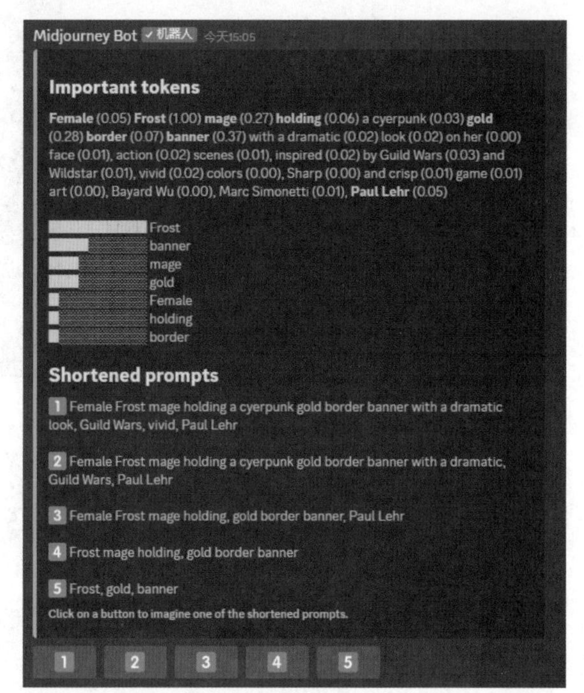

除了分析整段提示语，Midjourney 还会生成 4 句新的提示语，单击下面的 1 ～ 4 按钮，即可直接使用这些提示语生成图像。

不得不说的是，虽然这个功能的初衷是好的，但根据笔者的测试，此命令仅能够起到微弱的参考意义。因为，Midjourney 实际上并不能很好地理解用户的构思，尤其是当用户使用的是翻译软件，通过直译的形式输入一段提示语时，本身很有可能存在表达不规范、产生歧义的情况，这就更容易使 Midjourney 产生误判。

因此，当用户按 Midjourney 的建议使用给出的缩短后的提示语，有时会发现图像的整体效果与初始臃肿的提示语生成的效果有很大的区别。

2.10 用subscribe命令查询并管理订阅模式

要使用 Midjourney 进行创作，必须付费订阅 Midjourney 的服务。

在订阅过程中，可以按自己的需求，随时购买更多的服务时间或取消订阅。

要完成上述操作，需要在命令区中输入 /subscribe，然后单击下方的链接地址，如右图所示。

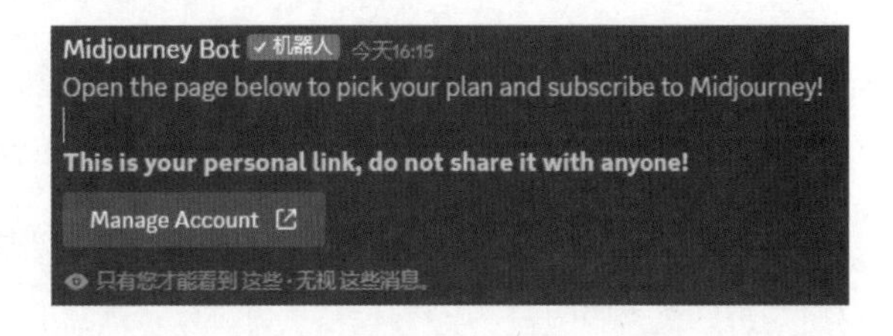

此时，可以进入订阅模式管理页面，如下左图所示，为了便于读者了解详情，笔者将其翻译为中文，如下右图所示。其中比较重要的信息是 15 小时快速出图时间，这个时间是用户通过订阅获得的可以使用 Midjourney 生成图像的时间额度，超出后需要再次付费。

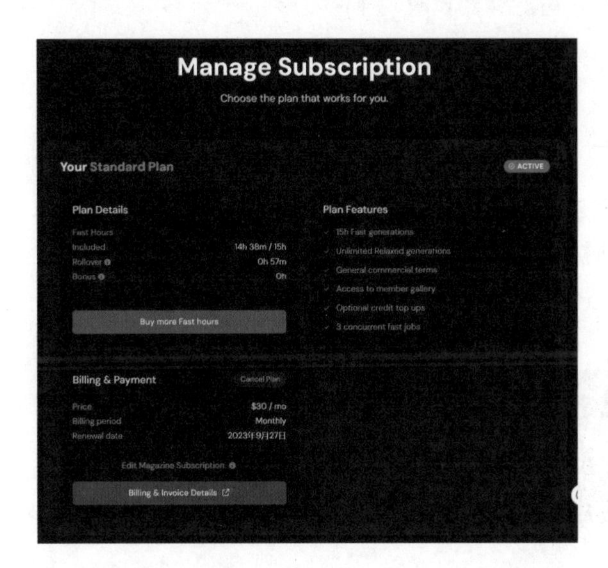

在此页面中单击 Billing & Invoice Details 按钮，则可以进入付费管理页面，如右图所示。

单击顶部的“取消方案”按钮，可以取消付费订阅，单击底部的“查看更多”链接，可以看到每月支付的订阅费用详表。

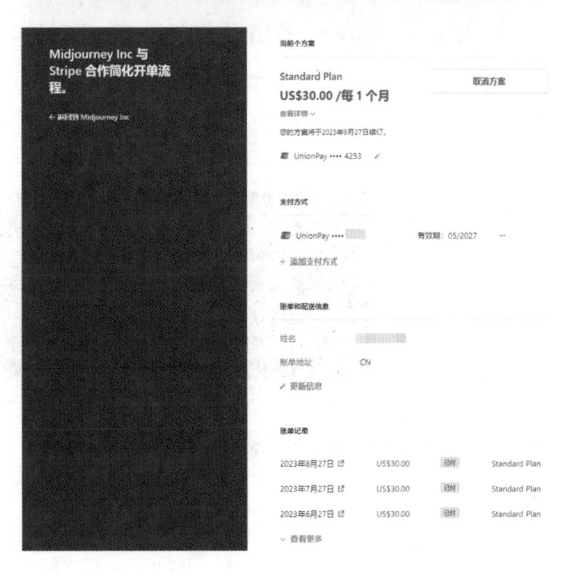

2.11 通过relax与fast命令获得更多订阅时长

2.11.1 了解fast与relax模式出图的区别

如前文所述，当订阅 Midjourney 的服务后，主要获得的就是使用 Midjourney 服务器生成图像的时间额度，以笔者订阅的标准计划为例，每月可以占用 Midjourney 服务器 15 小时。

这个 15 小时是指 Midjourney 计算图像的时间，并不包括创作调整提示词，观看其他用户作品，保存作品等操作所占用的时间。

此时，用户默认工作于 fast 出图模式，即当创作者输入命令后，Midjourney 将即时反应，开始运算，并在很短的时间内推送运算结果。但如果用户出图量非常大，就会出现 15 小时快速耗尽的情况，此时，可以将出图模式切换为 relax 模式。顾名思义，在这种模式下，Midjourney 仅当服务器空闲时才会计算用户给出的作图指令，因此，可能需要长时间排队。

但根据笔者的测试，如果在非高峰时间段创作，两种模式的出图速度不相上下。

2.11.2 切换模式的操作方法

要将出图模式切换至 relax 模式，只需在命令输入行中输入 /relax，Midjourney 将显示如下图所示的提示，以提示用户，当前状态下的出图时间不会占用付费订阅的 fast 出图时间额度，但可能需要等待较长时间。

如果要从 relax 模式切换回 fast 模式，可以在命令输入行中输入 /fast，Midjourney 将显示如下图所示的提示，以提示用户，当前状态下，会消耗订阅的 fast 快速出图时间额度，如果额度耗尽，可以单击下方的网址，以订阅更多时长。

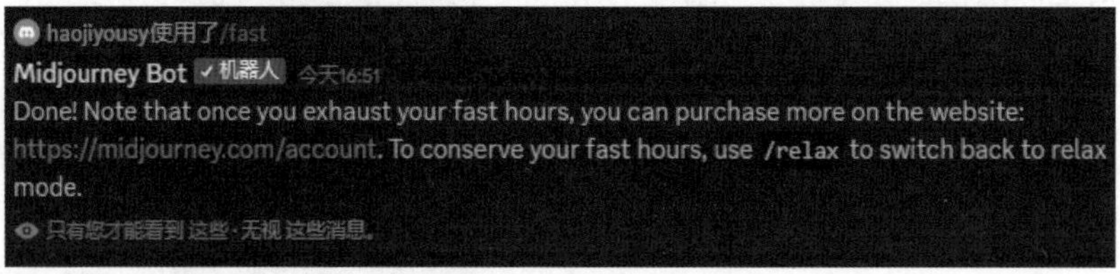

2.11.3 使用turbo超快速模式作图

超快速模式 turbo 模式是 Midjourney 的一项实验性功能，根据 Midjourney 所称，其可用性和价格可能随时发生变化。

这种模式适用于想要以极快速度生成图像的用户，因为在这种模式下，Midjourney 将启用高速 gpu 模块，以使用户获得比 fast 出图模式快 4 倍的速度。

要切换至这种作图模式，只需在命令输入行中输入 /turbo。

但需要注意的是，在这种模式下创作时，消耗的订阅时长是 fast 快速模式的 2 倍，即在 turbo 模式下花 1 分钟绘出的图，实际上消耗了 2 分钟的订阅时长。

另外，turbo 模式仅适用于 5、5.1 和 5.2 版本的 Midjourney 模型。

2.12 用prefer suffix命令自动添加参数

可以使用 /prefer suffix 命令为提示语自动添加参数，这样当用户想要固定使用一组参数，而不想每次都输入这些参数时，只需使用此命令定义这一组参数即可，步骤如下。

01 在Midjourney命令区中输入或找到/prefer suffix命令。

02 单击new_value选项，以增加一个参数。

03 在参数区中输入希望添加的参数，此处输入的是--q 1 --s 500 --c 10。

04 按Enter键后，可以看到Midjourney的提示，表示已成功设置参数后缀。

05 下面随意输入一个提示语，如red apple。

06 按Enter键后，可以看到参数后缀已经自动添加。

07 要取消参数，可以在01步时不添加任意参数，直接按Enter键，Midjourney会提示参数后缀被取消。

2.13 用show命令显示图像ID

在 Midjourney 中生成的每幅图像都有一个唯一的 ID 值。

通过使用图像的 ID 值，可以重新在生成列表中显示这幅图像，以便在此基础上获得图像的 seed 值，或者对此图进行衍变操作。

2.13.1 从文件名中获得ID

如果已经下载了自己的图像，可以通过查看图像的文件名获得 ID。例如，一个图像的文件名为 llbb_a_dog_in_blue_suit_clothes_and_a_cat_in_red_suit_clothes_s_e7978f3c-b012-43ec-bd7e-4e16db111bd0.png，其中，e7978f3c-b012-43ec-bd7e-4e16db111bd0 就是它的 ID 值。

2.13.2 从网址中获得ID

如果在自己的作品页面打开了图像，则可以从网址栏中找到 ID。例如，打开一幅图像，地址栏显示为 https://www.mj.com/app/jobs/217cef0c-d8ed-44a6-9dfb-98633c2573e8/，其中，217cef0c-d8ed-44a6-9dfb-98633c2573e8 就是它的 ID 值。

2.13.3 通过互动获得ID

除了上述方法，还可以使用前文曾经讲过的获得 Seed 数值的方法获得 ID 值，Seed 值上方的 Job ID 后面显示的就是 ID 值。

2.13.4 用ID重新显示图像

获得 ID 值后，可以使用 /show 命令重新显示此图像。

显示图像后，可以单击 U1 ~ U4 按钮来放大图像，或者单击 V1 ~ V4 按钮衍变图像。

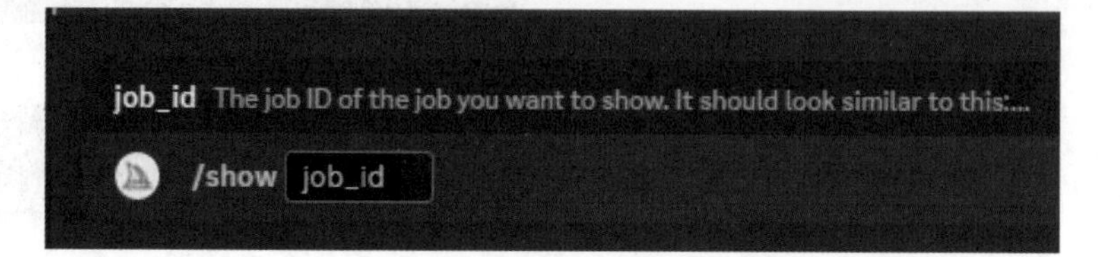

2.14 用settings命令设置全局参数

使用 /settings 命令可以设置 Midjourney 的全局化运行参数，以便用户在不输入参数值的情况下，使 Midjourney 以这些默认的参数执行图像生成操作。

在 Midjourney 的命令行中输入或找到 /settings 命令后，Midjourney 将显示如下图所示的参数，所有参数的使用方法，将在下一章详细讲解。

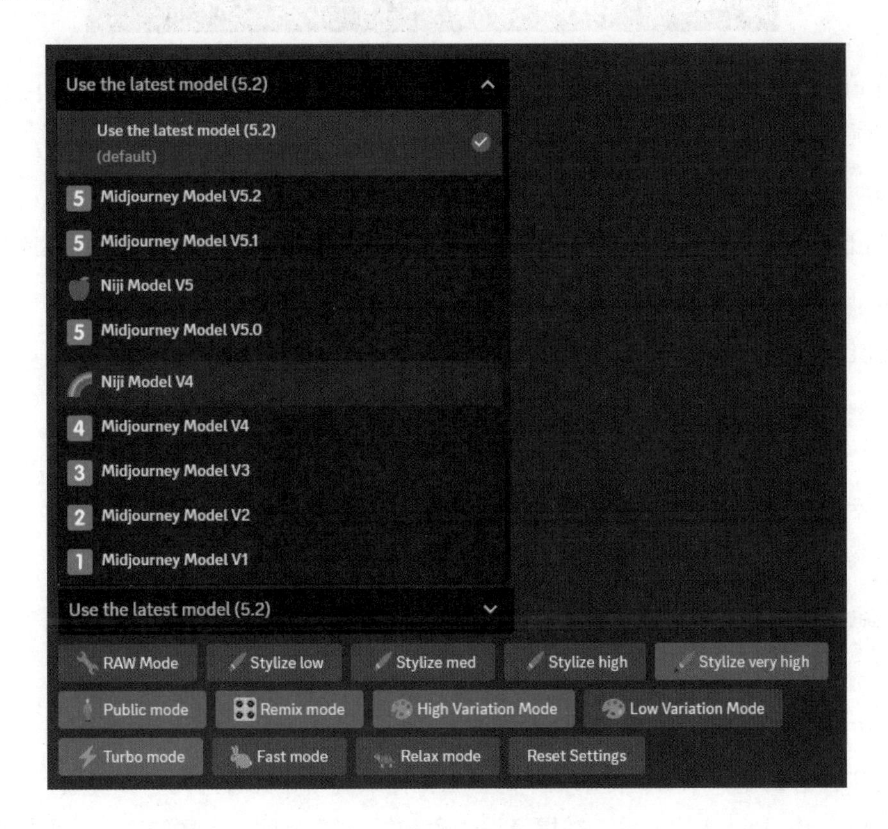

1.版本参数组

指 Midjourney Model V1、 Midjourney Model V2、 Midjourney Model V3、 Midjourney Model V4、 Midjourney Model V5.0、Midjourney Model V5.1、Midjourney Model V5.2，单击以上选项，可以在不添加 --v 版本参数的情况下，使用指定的版本来运行 Midjourney。

2.风格参数组

指 Style Low、Style Med、Style High、Style Very High，依次分别对应 --s 50、--s 100、--s 250、--s 750 参数。为了避免在撰写提示语时，每次都重复加入 --s 参数，建议在此选择一个风格参数。

如果选择 Midjourney Model V5.1、Midjourney Model V5.2，可以通过单击 Raw Mode 选项来减少 Midjourney 自动为图像添加的细节，相当于降低图像风格化。

3.Niji版本参数组

当选择 Niji 模型后，参数面板将显示如下图所示的参数。

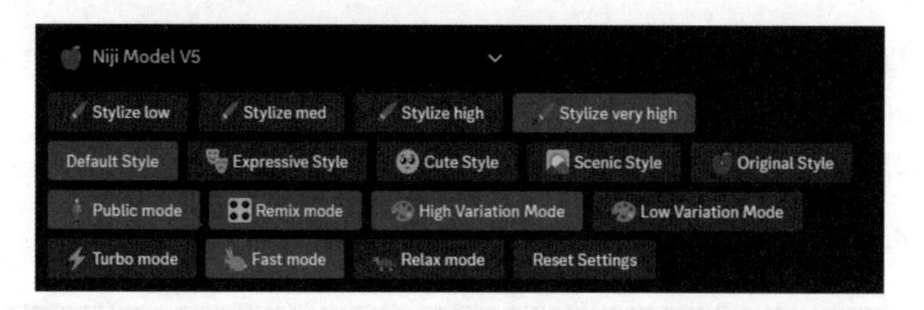

选择 Default Style、Expressive Style、Cute Style、Scenic Style、Original Style 参数中不同的选项，可以生成不同风格的图像。

4.成图模式参数组

指在 Public mode 模式下，生成的图片会被其他用户搜索到或展示在用户作品库中。

5.出图速度模式参数组

指 Trubo mode、Fast mode、Relax mode，关于这三者的讲解请参看前文。

6.变化参数组

指 High Variation Mode、Low Variation Mode，前者使 Midjourney 生成的四格图像之间区别更大，后者则使四格图像之间的区别更小。

7.重置参数

指 Reset Settings，单击该按钮后，可以将所有参数恢复至默认状态。

8.Remix mode参数

单击 Remix mode 按钮后，可以对图像进行微调。

需要特别注意的是，添加到提示语中的参数优先级高于在此设置的参数优级，例如，在此单击 Midjourney Model V4 按钮后，在提示语中添加了 --v5 参数，则意味着生成图像时使用的是 V5 版本，而不是 V4 版本。

第 3 章

理解 Midjourney 各个参数的功能

3.1 了解Midjourney参数

3.1.1 理解参数的重要性

如前文所述，在使用 Midjourney 生成图像时，需要在提示语后添加参数，以控制图像的画幅、质量、风格，以及用于生成图像的 Midjourney 版本。

正确设置这些参数，对于提高生成图像的质量非常重要。

例如，下左图与下右图使用的提示语与大部分参数均相同，只是下左图使用了 --v 5 参数，下右图使用了 --niji 5 参数，从而得到了两组风格截然不同的图像。

3.1.2 参数的格式与范围

在提示语后添加参数时，必须使用英文符号，而且要注意空格的问题。

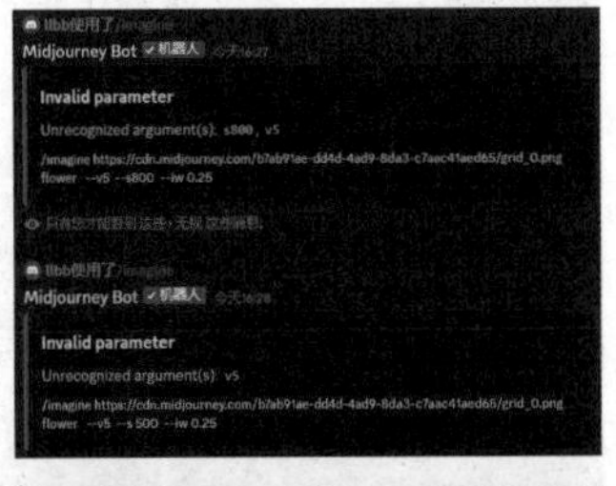

例如，--iw 0.5，不能写成为 --iw0.5，否则 Midjourney 就会报错。

在右图所示的两个错误消息中，Midjourney 提示 --v5 与 --s800 格式有误，应该为 --v 5 与 --s 800。

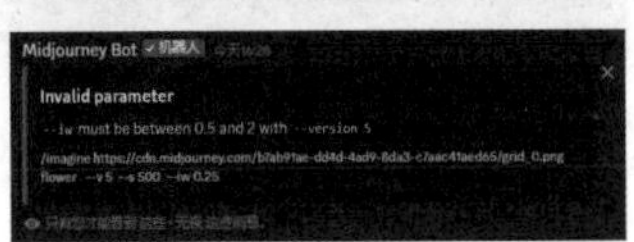

另外，参数的范围也要填写正确，例如，在右图所示的错误中，Midjourney 提示在 v5 版本中 --iw 的数值范围为 0.5 ～ 2，因此，填写 0.25 是错误的。

随着 Midjourney 的功能逐渐完善、强大，还会有更多新的参数，但只要学会查看 Midjourney 的错误提示信息，就能轻松修改填写参数的错误。

3.2 Midjourney各写实模型版本介绍

在从 2022 年至 2023 年 12 月的一年半时间里，Midjourney 成功完成了 3 次重大版本更新。图像的生成质量愈发接近专业生产工具的水准，其功能定位也逐步由生产辅助工具向独立技能转变。

为了更直观地展示各版本之间的差异，笔者以 a pretty boy, stunning conte crayon drawing in the style of Jim Lee 为提示语生成图像，并分别使用了 --v 4、--v 5、--v 5.1、--v 5.2 和 --v 6.0 参数，得到了如下从左到右排列的 5 张图像。通过逐一对比这些图像，我们可以清晰地观察到模型升级所带来的画面质感变化。最左侧的 v4 版本图像在画面细节上相对简单，而到了 v5 版本，图像已经非常接近提示语所描述的绘画风格。使用 5.2 版本模型生成的第四张图像更是进一步逼近了照片的真实感。最新更新的 6.0 版本不仅满足了提示语的描述要求，而且在画面笔触上呈现出了更加真实和细腻的效果。

3.2.1 v4版本模型介绍

v4 是 2022 年 Midjourney 的早期版本，能够输出相对不错的图像，但在图像的真实程度上稍有不足，生成人物面部与手容易变形，但在生成插画、科幻等图像方面有着优异表现。

full body,futuristic knight in shining armor standing in ruins, flames and smoke background environment, this knight is holding a blue laser sword ,h.r giger style intricate designs etched into the armor, gold and silver accents, sleek and smooth, the rococo-style steel vines are winding,photorealism,intricate details, precise features, cinematic 8k,Unreal Engine, HDR, Subsurface scattering --ar 2:3 --v 4 --seed 1 --stylize 840

3.2.2　v5系列版本模型介绍

自2023年3月16日更新5.0版本后，Midjourney后续又陆续完成了v5.1、v5.2的小版本更新，下面分别介绍其特点。

1. v5.0版本模型

v5.0 版本是 v4 版本的全面升级，画面质量和图像风格开始接近真实影像，画面写真实风格提升显著。

» 生成的图像风格更广泛，可以在提示词中添加艺术风格进行图像模拟生成。

» 提示词理解能力升级，具有更详细的细节描述能力。

» 支持生成更高质量的图像，动态范围更广。

» 支持 --tile 参数，以实现无缝贴图。

» 支持 --ar 比例大于 2:1 的长宽比。

» 支持 --iw，以权衡图像提示和文本提示。

jewelry design, Ornate, Expensive,shot by canon eos R5, photorealistic , product view, --s 550 --v 5 --iw 2 --v 5

jewelry design, Ornate, Expensive,shot by canon eos R5, photorealistic , product view, --s 550 --v 5 --iw 0.5 --v 5

2. v5.1版本模型

V5.1 版本于 2023 年 5 月 4 日发布，在该版本中 AI 文本理解能力进一步提高，可以进行一定程度的自主发挥和补充，让画面的细节更丰富、风格更强烈。

» 引入了 AI 自主理解功能，为画面补充细节丰富画面内容。

» 对文本提示的识别更准确，画面内容与文本提示关联性更高，视觉效果更连贯自然。

» 减少了画面中不必要的边框和乱码文字内容的出现。

» 提升了画面锐度，生成的图像比之前的更加清晰。

» 新增加了 raw 模式，生成的图像与提示词更加匹配。

并且，在 v 5.1 版本中还提高了构图合理性，人物体态和画面元素关系更加真实自然。因此在图片生成方面更加贴近现实和用户的意图，对于生成广告、平面设计类图像来说有较大提升。

back light,A beautiful lady dressed in gorgeous Chinese Hanfu is dancing in an ancient Chinese courtyard --s 500 --style raw --v 5.1

cool Luffy,white curly hair, laughing out loud, Elichiro Oda style, Surrounded by lightning,black background,kungfu pose, kawaii, full body, random neon lights, reflective clothing, clean background, blind box style, popmart, chibi, holographic, prismatic, pvc --style raw --s 750 --v 5.1

3. v5.2版本模型

v5.2 模型版本于 2023 年 6 月 23 日发布，这是一个明显追求写实效果的模型，生成的光影效果变化更加细腻，并具有更好的颜色、对比度和构图，但在图像创意度方面与 v5.1 相比有所下降。此外，Midjourney 新增了拓展与画面平移功能。

» 新增 Zoom out 图像外绘功能，可实现图像的任意拓展绘制，下页上左图为原图，下页上右图为扩展后的图像。

» 新增 High Variation Mode 模式，让同一张图像生成 4 张变体图像差异更加明显。

» 新增 /shorten 命令，可以让 Midjourney 帮我们分析、精简提示词。

» 修复了 --stylize 参数，图像的风格化程度会明显增强。

shadows from windows on face,Two girls in style HanFu style clothing stand on the street of the city,Three-quarter view, photography, photorealistic,full body,full portrait --s 750 --v 5.2

shadows from windows on face,Two girls in style HanFu style clothing stand on the street of the city,Three-quarter view, photography, photorealistic,full body,full portrait --s 750 --v 5.2

3.2.3　v6版本模型介绍

v6 Alpha 版本测试发布于 2023 年 12 月 21 日，并在 2024 年 2 月完成正式上线。v6 版本不是在原有模型基础上的升级，而是一个重新开始训练的新模型，该模型可以生成比之前发布的任何模型都更加真实的图像。

特别需要指出的是，由于此模型在训练时使用了大量电影素材，因此可以生成几乎与知名电影一般无二的场景图。

» 图像质量升级，画面质感及细节刻画更加细致，图像的光影处理相比 v5.2 模型也更加真实自然。
» 文本提示内容增加，具备长语句自然语言描写能力。
» 可以使用主体 + 方位词的形式控制画面中元素的位置。
» 新增文本绘制功能，可以在图片中添加简单文本。
» 支持制作多格漫画风格，多格漫画可以作为动画视频的分镜参考，同时也可以直接用于漫画生成。

Still life photograph with a red apple on the left on the wooden table, a basket of bananas in the middle, a basket of oranges on the right, and a vintage camera in the bodyguard, head-up photography, Tyndall light effects, primitivism --v 6

a cake, text "Welcome 2024" on it --ar 3:2 --stylize 200 --v 6

Chinese comic book page Panel 1: In a serene village, the young protagonist, Xiao Ming, discovers an ancient and mysterious necklace. When he puts it on, he is transported to a magical and fantastical world. Panel 2: Xiao Ming finds himself in a forest full of magic and mythical creatures. There, he encounters a small fairy named Nina who can speak the human language. Nina tells him that he can return to his world only by completing three tasks. Panel 3: Xiao Ming accepts the challenge and embarks on an adventure with Nina. They journey through the forest, encountering various fantastical creatures and learning magical skills along the way. Panel 4: During their adventure, Xiao Ming meets a powerful and mysterious wizard who imparts new magical abilities. This strengthens Xiao Ming's belief in the possibility of completing the tasks. Panel 5: Xiao Ming and Nina successfully accomplish the first two tasks, but the third task becomes more challenging. They must traverse a dangerous maze and find a hidden treasure within. Panel 6: In the depths of the maze, Xiao Ming and Nina encounter the most powerful guardian. Through teamwork, they defeat the guardian and discover the treasure. Xiao Ming puts on the necklace from the treasure, returning to his world, but the friendship with Nina remains forever in his heart --ar 3:2 --v 6.0

3.3 插画模型版本参数

3.3.1 了解Niji的版本

Niji 模型被 Midjourney 专门用于生成插画类图像，目前有两个版本，分别是 Niji Model V4 与 Niji Model V5。无论使用哪一个版本的模型，均能得到高质量插画图像，但论及图像效果的完善程度及美感，还是 Niji Model V5 更胜一筹。

在下面的两组图像中，使用了相同的提示语 floating woman, floating hair with jellyfish and smoke, dream head, cyberpunk color scheme, flying city background,ghibli style，但下左图添加了版本参数 --niji 4，下右图添加了版本参数 --niji 5，两者的效果区别明显。

另外，需要注意的是，Niji Model V4 模型无法添加风格化参数 --s，否则就会显示如右图所示的错误提示。

Midjourney Bot ✓机器人 今天14:17

Invalid parameter

`--stylize` is not compatible with `--niji 4`

/imagine floating woman, floating hair with jellyfish and smoke, dream head, cyberpunk color scheme, flying city background,ghibli style --ar 2:3 --niji 4 --s 250 --niji 5 --s 750

而 Niji Model V5 模型则可以添加此参数，控制图像艺术化和风格化程度。

3.3.2 了解Niji Model V5的参数

如果使用的是 Niji Model V5 版本，则可以通过添加 4 个参数来控制生成图像的风格。

使用 --style cute 参数，可以得到更迷人、可爱的角色、道具和场景。

使用 --style expressive 参数，可以让画面更精致、更有表现力及插画感。

使用 --style original 参数，则可以让 Midjourney 使用原始 Niji Model V5 版本，这是 2023 年 5 月 26 日之前的默认版本。

使用 --style scenic 参数，可以让创作的画面更注重奇幻的效果。

下面展示的是使用同样的描述语后，添加不同的参数获得的效果。

```
digital art, glitch art, web art,
experimental art, cyber art, anime top
model girl, collage --ar 2:3 --s 450
--style expressive --niji 5
```

```
digital art, glitch art, web art,
experimental art, cyber art, anime top
model girl, collage --ar 2:3 --s 450
--style cute --niji 5
```

```
digital art, glitch art, web art,
experimental art, cyber art, anime top
model girl, collage --ar 2:3 --s 450
--style original --niji 5
```

```
digital art, glitch art, web art,
experimental art, cyber art, anime top
model girl, collage --ar 2:3 --s 450
--style scenic --niji 5
```

3.4　图像比例参数

Midjourney 可以用 --aspect 参数来控制生成图像的比例。默认情况下，--aspect 值为 1:1，生成正方形图像。如果使用的是 --v 5、--v 5.1、--v 5.2 版本，可以使用任意正数比例，例如 45:65。但如果使用的是其他版本，则需要注意比例的限制范围。对于 --v 4 版本，此数值仅可以使用 1:1、5:4、3:2、7:4、16:9 等比例值。在实际使用过程中，--aspect 可以简写为 --ar。

--ar 1:2

--ar 9:16

--ar 3:4

--ar 1:1

--ar 4:5

--ar 2:3

3.5 图像质量参数

Midjourney 可以使用 --quality 参数控制生成图像的质量。在实际使用过程中，--quality 被简写为 --q。

较高的质量参数，会产生更多细节，然而也会消耗更多的订阅时间。默认情况下，--quality 值为 1。如果使用的是 --v 5 及 --v 4 版本，则此数值的范围为 0.25 ～ 5。

如果绘制的图像以线条为主，除非设置极低的参数，否则不会对图像质量有明显影响。

例如，下面两组生成的像素化的小图标，虽然质量参数相差 10 倍，但外观质量没有什么区别。

```
television, icon, white background, isometric --v 4 --q 5
```

```
television, icon, white background, isometric --v 4 --q 0.5
```

但如果生成的图像有很多细节，则较大的质量参数值明显可以使图像有更多细节。

在下面的 3 幅图像中，左图为值是 0.25 时的效果，中间为值是 2 时的效果，右图为值是 5 时的效果。对比 3 幅图像中放大的眼睛部位，可以看出图像的精细程度有明显差异。

3.6 图像风格化参数

在使用 Midjourney 时，可以使用 --stylize 参数来控制生成图像的艺术化程度。较大的参数值，需要更长的处理时间，但得到的效果更加艺术性，因此，图像中有时会出现大量提示词没有涉及的元素，这也意味着最终得到的图像效果与提示词的匹配度更差。反之，越小的参数值可使图像更加贴近提示词的描述，但图像的艺术性也往往较低。

默认情况下，--stylize 值为 100。如果使用的是 --v 5 及 --v 4 版本，则此数值的范围为 100 ～ 1000。

在实际使用过程中，--stylize 被简写为 --s，此参数设置不影响图像的分辨率。

在下面的两组图像中，第一组参数为 1000，第二组参数为 100，这导致图像的艺术性差异明显。

photograph taken portrait by canon eos r5, full body, a beautiful queen dress chinese ancient god clothes on her gold dragon throne, angry face, finger pointing forward, splendor chinese palace background, super wide angle, shot by 24mm les, in style of yuumei art, full portrait, 8k, photorealistic, elegant, hyper realistic, super detailed, portrait photography, global illumination --ar 2:3 --stylize 1000 --q 2 --v 5

photograph taken portrait by canon eos r5, full body, a beautiful queen dress chinese ancient god clothes on her gold dragon throne, angry face, finger pointing forward, splendor chinese palace background, super wide angle, shot by 24mm les, in style of yuumei art, full portrait, 8k, photorealistic, elegant, hyper realistic, super detailed, portrait photography, global illumination --ar 2:3 --stylize 100 --q 2 --v 5

3.7 四格图像差异化参数

Midjourney 可以使用 --chaos 参数调整初始四格图像之间的差异度。较大的 --chaos 参数值会使 4 幅图像产生更明显的区别，反之，较小的 --chaos 参数值会使 4 幅图像更相似。

默认情况下，--chaos 数值为 0。如果使用的是 --v 5、--v 5.1、--v 5.2 及 --v 4 版本，则此数值的范围为 0 ～ 100。在实际使用过程中，--chaos 被简写为 --c。

在下面的图像中，第一组图像由于 --chaos 值为 0，导致 4 幅图像之间的风格区别并不明显。而第二组图像使用了 --c 100 参数，因此，4 幅图像之间有非常明显的差异。

```
asian girl influencer, fashionably dressed, black attire, necklace, sunglasses,
night --ar 3:2 --s 800 --v 5.2 --c 0
```

```
asian girl influencer, fashionably dressed, black attire, necklace, sunglasses,
night --ar 3:2 --s 800 --v 5.2 --c 100
```

3.8 图像种子参数

Midjourney 在生成图像时，会使用一个 seed 参数来初始化原始图像，然后根据这幅原始图像利用算法逐步推演改进，直至得到用户想要的图像。

seed 参数通常是一个随机数值，因此，如果不刻意使用此参数，即使用相同的提示词也不可能生成相同的图像，这也是为什么在学习本书及其他提示词类教程时，即使读者输入相同的提示词，也无法得到与示例图像相同的图像的原因。

如果要得到相同的图像，可以为提示词指定相同的 seed 值。

3.8.1 获得seed值的方法

01 在创作界面中找到需要获得seed的作品，将鼠标指针放在提示词上，此时可以看到右侧出现一个三点按钮。

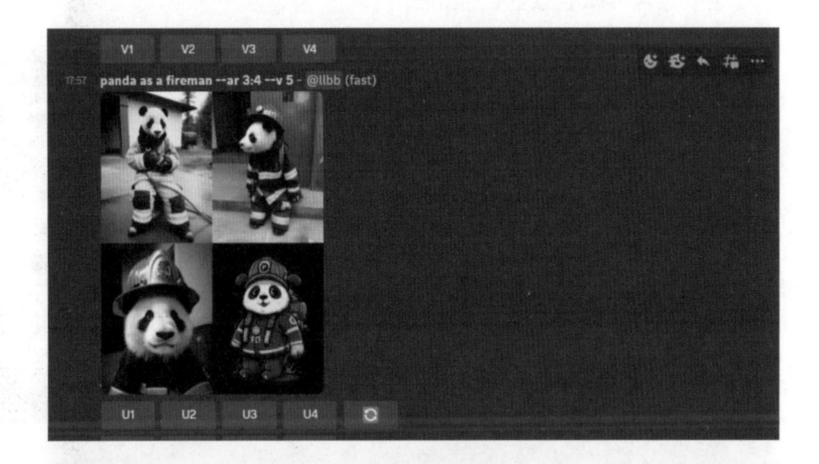

02 单击三点按钮后，在弹出的菜单中，进入“添加反应”子菜单，然后单击信封图标。

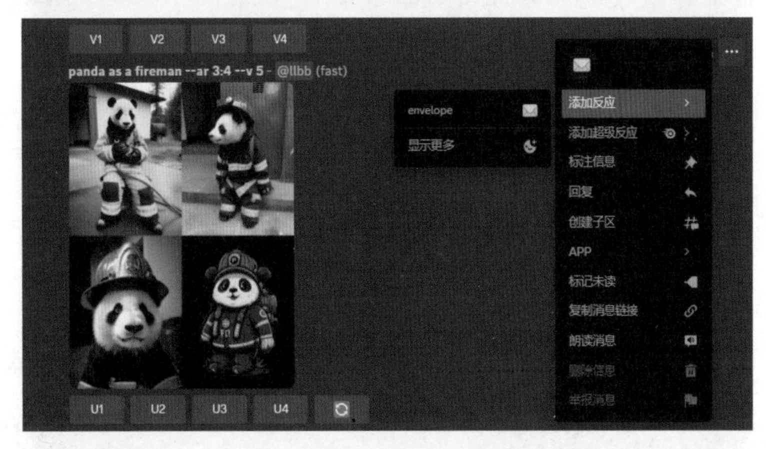

03 单击右上角的“收件箱”按钮。

04 此时可以看到作品的seed值。

05 使用与被查询作品相同的提示词，再添加--seed参数，即可获得完全相同的图像。下左图为原图像，下右图为使用--seed值后生成的图像。

3.8.2 使用--seed参数获得类似图像

为了确保作品的多样性，在 Midjourney 中即使使用同样的提示语获得的图像也不会完全一样，但如果想获得彼此相似的图像，则可以使用相同的 seed 值。

例如，下页上左图为使用 floating woman, floating hair with jellyfish and smoke, dream head, cyberpunk color scheme, flying city background, ghibli style --ar 2:3 --niji 5 --s 750 提示语及参数生成的原图像。

通过上面讲解的步骤获得 seed 值后，将此数值添加至提示语，并将原提示语中的 woman 修改为 boy，得到新的提示语为 floating boy, floating hair with jellyfish and smoke, dream head, cyberpunk color scheme, flying city background,ghibli style，生成的图像如下页上中图所示。

而如果不添加 seed 参数，仅将原提示语中的 woman 修改为 boy，则得到的图像如下页上右图所示。

对比这 3 组图像可以看出，添加 seed 参数所得到图像的整体风格和效果与原图像更相似。

floating woman, floating hair with jellyfish and smoke, dream head, cyberpunk color scheme, flying city background, ghibli style --ar 2:3 --niji 5 --s 750

floating boy, floating hair with jellyfish and smoke, dream head, cyberpunk color scheme, flying city background, ghibli style --ar 2:3 --niji 5 --s 750 --seed 190019756

floating boy, floating hair with jellyfish and smoke, dream head, cyberpunk color scheme, flying city background, ghibli style --ar 2:3 --niji 5 --s 750

3.9 排除负面因素参数

如果不希望在生成的图像中包括某种颜色或元素，可以在 Midjourney 提示词后添加 --no 参数，然后添加有针对性的负面词。

例如，针对 a girl smiled and reached out to receive a gift，a square-shaped wrapped box，clear background，vivid color，colorful --ar 3:2 --v 5 --c 10 --s 300 这一组提示词，生成的图像如下左图所示，如果不希望在图像中包括红色，可以在这个提示词后面添加 --no red，这样生成的图像中就不会有红色了，如下右图所示。

3.10 无缝拼贴参数

无缝拼贴图案是由一幅图像通过平移、旋转或翻转等操作，得到的一组相似或完全相同的图像，这些图像可以拼贴在一起形成无缝图案。要生成此类图案，可以在描述词后添加 --tile 参数。创建图像时，可以使用任意模型参数。

lavender blue batik fabric pattern incorporating jumping fish --tile --s 750 --niji 5

golden flower illustrations. metallic shimmer, luxury style --v 5. 0 --tile --s 500

使用 Midjourney 生成此类图案后，得到的只是一个图案，如果要验证图案是否具有无缝拼贴效果，可以先将图案下载到本地，然后进入相应网站。将保存在本地的图案直接拖至网站页面中，即可看到拼贴效果。

扫描查看网站

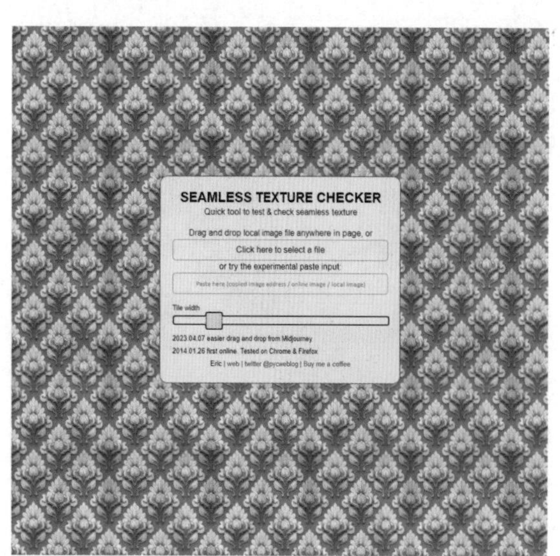

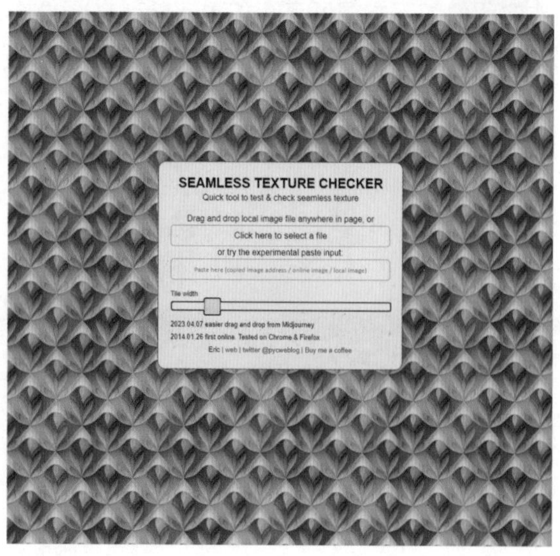

3.11 原图参数

在默认情况下，使用 Midjourney Model V5.1 与 Midjourney Model V5.2 模型参数创作，Midjourney 会根据提示语添加大量细节以丰富画面，但这种机制有利也有弊，有时添加的细节的确起到了丰富画面的作用，但有时添加的细节反而会让画面杂乱，甚至使图像无法体现用户的意图。遇到这种情况时，可以添加 --style raw 参数，该参数可以限制 Midjourney 为图像添加更多的细节，下面分别展示了三组不同的图像，对比添加参数前后的效果，可以更清晰地认识到此参数的功能。

high sci-fi city, photo --s 500 --v 5.2

high sci-fi city, photo --s 500 --v 5.2 --style raw

blooming garden, photo --s 500 --v 5.2

blooming garden, photo --s 500 --v 5.2 --style raw

a girl in bohemian style clothes is drinking coffee --s 500 --v 5.2

a girl in bohemian style clothes is drinking coffee --s 500 --v 5.2 --style raw

3.12 图像异化参数

在所有学习过的参数中，--weird（可简写为--w）是比较特殊的一个，其取值范围为0～3000，默认值为0。使用此参数的目的是使图像变得与众不同，当数值较大时，甚至会使图像有一种诡异的感觉，这一点在生成绘画类图像时表现得尤其明显。

asian girl influencer, fashionably dressed, black attire, necklace, sunglasses, night --ar 2:3 --s 800 --v 5.2

asian girl influencer, fashionably dressed, black attire, necklace, sunglasses, night --ar 2:3 --s 800 --v 5.2 --weird 3000

acrylic art, art by yoji shinkawa, kungfu character --ar 2:3 --s 750 --v 5.2

acrylic art, art by yoji shinkawa, kungfu character --ar 2:3 --s 750 --v 5.2 --weird 3000

需要注意的是，--weird、--chaos和--stylize参数之间是有区别的。--chaos参数控制初始四格图像彼此之间的差异程度；--stylize控制Midjourney的风格化美学的应用强度；--weird控制生成的图像与默认状态下Midjourney生成的符合常规美学定义的图像之间的异常程度。

3.13 重复执行参数

如果在 Midjourney 提示词后添加 --repeat 或 --r 参数，可以针对同样的提示词生成多组四格图像，例如，添加 --r 4，可以对提示词执行 4 次生成操作。

需要注意的是，针对不同等级的订阅用户，可以使用的数值范围不同。标准用户的数值范围为 2 ～ 10。Pro 用户的数值范围为 2 ～ 40。

建议在使用此参数时，配合前面讲解过的 --chaos 参数，这样就能快速生成大量可供选择的图像。

由于此命令会快速消耗订阅时间，因此，执行时会弹出如右图所示的提示。

单击 Yes 按钮后，进入执行队列，显示当前执行的任务数量，如右图所示。

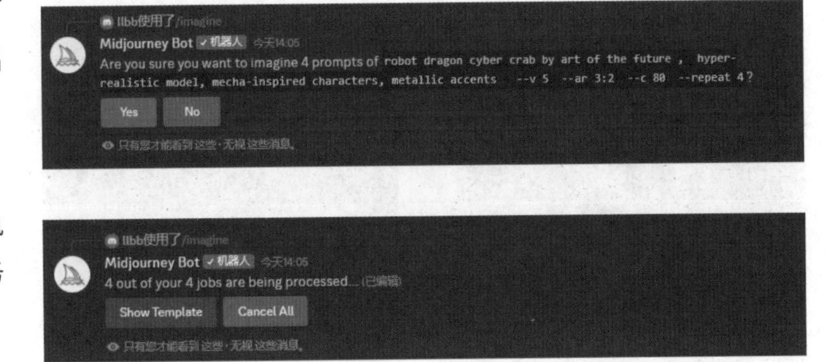

下面展示的是一次得到的 4 组四格图像，由于使用了 --c 80 参数，图像之间区别很大。

3.14 图像完成度参数

如果在Midjourney提示词后添加--stop参数，则可以根据此参数值得到不同进度的生成图像。此参数的默认值为100，意味着每次生成的图像完成度都是100%。

下面展示的是使用不同的--stop参数获得的图像。这个参数并不常用，但如果对提示词生成的效果没有把握，为了节省订阅时间，可以使用--stop 50，得到一幅完成度为50%的图像，在观看此图像的基础上微调提示词。当然，有时使用该参数生成的未完成图像，也可能恰好就是用户需要的效果。

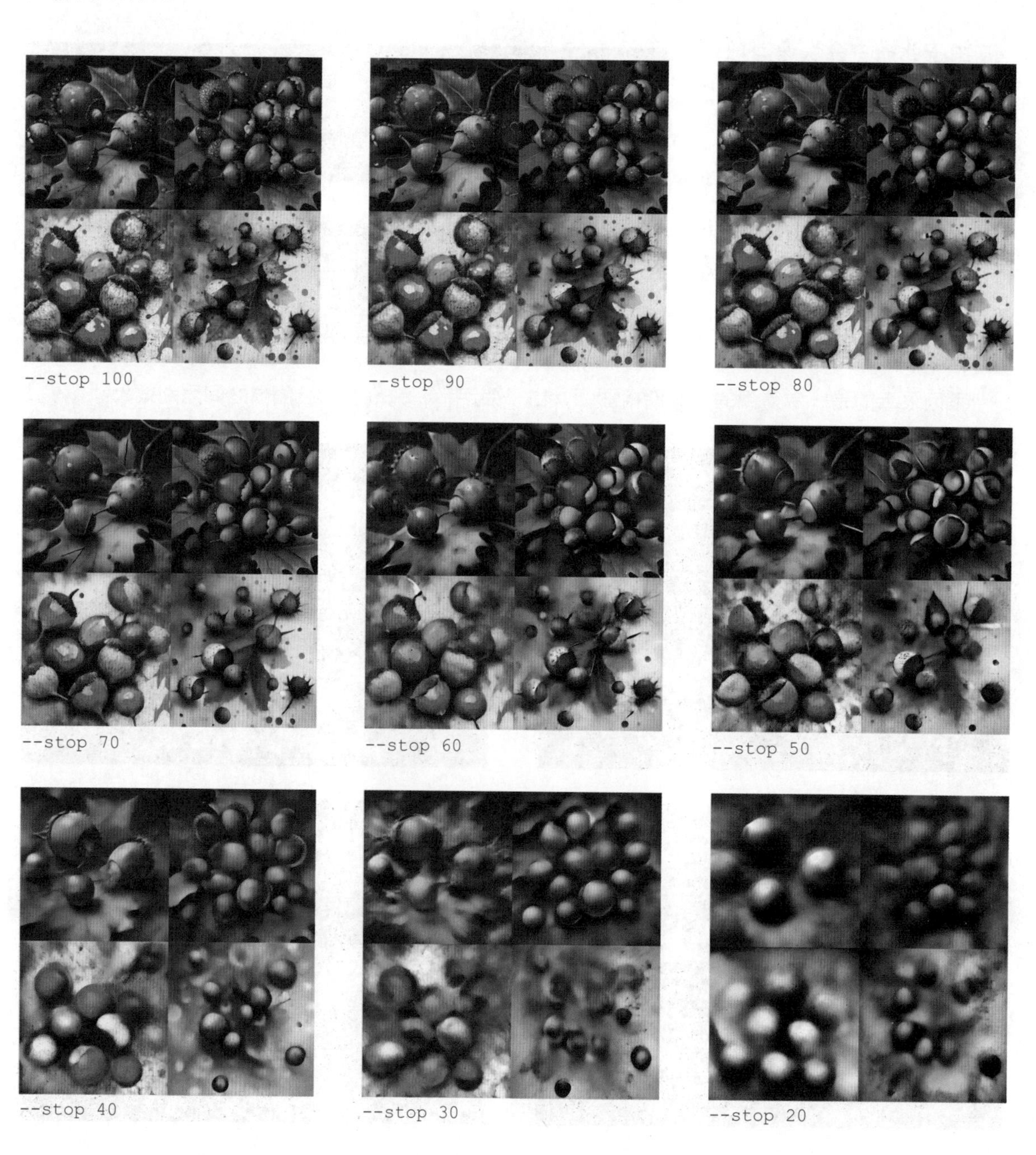

--stop 100　--stop 90　--stop 80

--stop 70　--stop 60　--stop 50

--stop 40　--stop 30　--stop 20

第 4 章

掌握 Midjourney 提示语撰写方法与逻辑

4.1 了解绘画的两种模式

包括 Midjourney 在内的人工智能绘图平台均有两种绘画模式，第一种是文生图，第二种是图生图。

4.1.1 文生图模式

文生图是指依靠一段文本来生成一幅反映文本描述内容的图像，其中的文本就是提示语，也叫 Prompt。在 Midjourney 中就是前文讲述过的在 /imagine 命令后输入的文字，如下图所示。

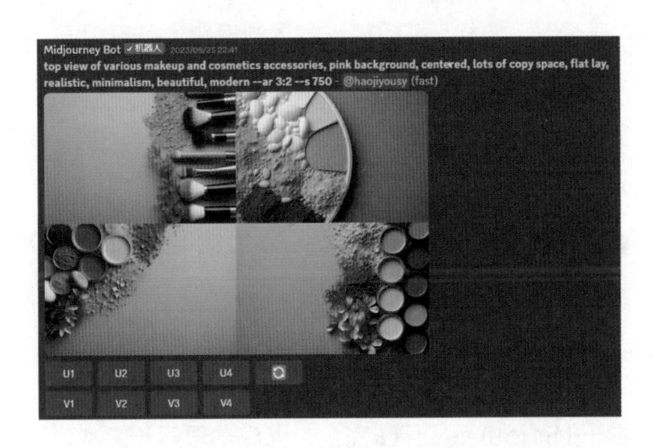

虽然经过几个版本的更新迭代，Midjourney 在语义理解方面有了长足的进步，但仍然无法理解复杂的文本段落，因此，清晰明了的提示语对绘画结果有着至关重要的影响。

4.1.2 图生图模式

图生图模式也是包括 Midjourney 在内的人工智能绘图平台均有的功能，通过上传一幅或几幅图像，人工智能绘图平台可以将这些图像相互融合在一起，形成一幅新的图像。关于采用图生图模式生成图像的步骤，将在后文详细讲解。

虽然，看起来图生图模式的操作更简单，但在这个过程中，用户也需要撰写少量的提示语，为 Midjourney 指出图像融合的方向。

另外，就这两种生成图像的模式相比，文生图模式属于主流，应用面更广，使用频率也更高。由此，可以看出，无论是文生图模式，还是图生图模式，提示语的重要性都是毋庸置疑的。所以，在学习使用 Midjourney 创作技法时，应该将学习的重点放在如何撰写 Midjourney 能够理解的提示语。

4.2 Midjourney是如何解读提示语的

即使是 Midjourney 的开发者也无法准确描述出 Midjourney 是如何解读提示语的，因为，当人工智能平台高度复杂后，就会发生“智能涌现”的现象，即人工智能平台表现出科学家也无法解释的能力。关于这一点，在 ChatGPT、Midjourney 等人工智能平台上均有所体现。

在这种情况下，学习者仅能依靠平台的开发逻辑以及大量尝试来猜测，人工智能平台是怎样理解提示语的。

从笔者的尝试来看，Midjourney 在理解提示语时，表现出以下规律。

4.2.1 对不同词性理解度不同

相对比于动词、形容词、介词，Midjourney 通常更容易理解名词。

关于这一点也比较好理解，当训练 Midjourney 模型时，找出 1000 张小狗的图片，并通过标签让人工智能“认识”小狗，比找出 1000 张有“紧张气氛”的图片，让人工智能来了解什么是“紧张”更容易。而且，每个人对于紧张、放松、平和等形容词的理解也各不相同。因此，在撰写提示语时，要多用表意明确的名词，少用形容词。

当涉及动词时，尽量使用有明确动作的词，例如跑、跳、飞等，少用想用、知道、拥有、尝试、感觉、保持、得到等无法具象化的词语。

Midjourney 对于介词的理解程度也比较低，但基本上能理解在内、在外、在上、在下、在旁边、在前面、在后面等基本词语。

4.2.2 有一定程度的容错性

在理解提示语时，由于 Midjourney 无法完全、彻底地理解长文本，因此，在撰写提示语时不必过于注重语法。

例如，下面的提示语表达完整、连贯。

on the magician's desktop, there is a glowing green magic stone, a brass bowl adorned with ancient arcane symbols, an enigmatic ruin knife, an ornate scroll with rococo-style decorations, and a wand. these items come together to form the mystical elements of the magician's workspace, used for crafting and casting various enigmatic potions and magic scrolls.

但其效果基本等同于下面这句简单、明白的提示语。

magician's desktop,glowing green magic stone,brass bowl,ancient glasses,ruin knife,bow,wand, herbs and potions,magic scrolls,rococo style,arcane symbols.

因此，即使英文基础不太好，使用的提示语有这样或那样的语法错误，也并不十分影响现阶段使用 Midjourney 来进行创作。

除了对语法有容错性，Midjourney 对于拼写也有相当高的容错性。

例如，右侧展示了两组用提示语生成的图像，其中 dragon 拼写均是错误的，但并没有影响最终得到的图像中有龙这一元素。

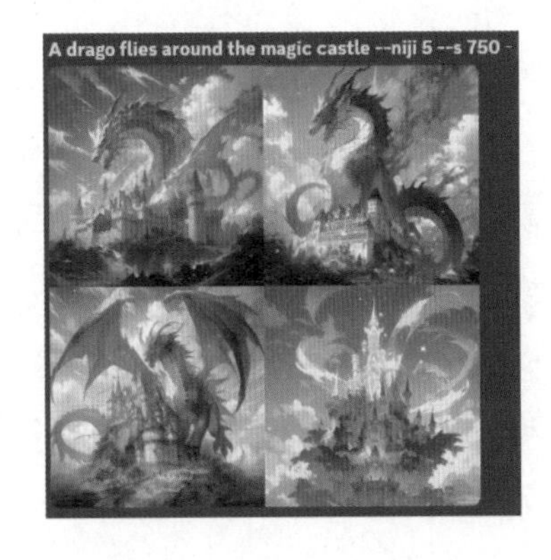

当然，这并不意味着在撰写提示语时可以错字连篇。

4.2.3　语序影响图像效果

在撰写提示语时，字词的位置会对最终结果有一定的影响。

例如，在内容不变的情况下，在下面的提示语中，将 red 放在相对较靠前的位置，得到图像的红色面积比较大，如右图所示。

magician's desktop, red,brass bowl,ancient glasses,ruin knife,bow,wand, herbs and potions,magic scrolls,rococo style,arcane symbols ,glowing green magic stone --ar 3:2 --s 800 --v 5.1

但将 red 放在句尾时，所得图像的红色面积明显较小，如右图所示。

4.2.4 Midjourney怎样理解标点符号

受到 Midjourney 模型的限制，无论是提示语中使用逗号、句号还是感叹号，区别并不大，仅具有区隔单词的作用。如果要强调某一个关键词，不是在其后面添加感叹号，而是添加双冒号。

例如，使用提示语 a female dancer is dancing indoors, volumetric light shines in through the window, sunset rays, strong volumetric light, silhouette portrait effect,wide angle, full portrait, side view --ar 3:2 --s 800 --v 5.2 生成的图像如下左图的所示。

当在提示语中添加若干个逗号后，提示语为 a female dancer is dancing, indoors, volumetric light, shines in through, the window, sunset, rays, strong volumetric, light, silhouette, portrait effect, wide angle, full portrait, side view，得到的效果如下右图所示，可以看出两者基本没有多大区别。

4.2.5 利用双冒号控制权重

在使用提示语生成图像时，除非提示语非常简单，否则在一个完整的提示语中都会出现多个控制最终图像的文本短句。利用英文双冒号，可以有效控制不同文本短句对于图像的影响程度，即改变文本的权重。

例如，针对提示语 movie poster design, a pretty chinese girl is charging forward with a sword in hand, snowy weather, petals falling, full body, dynamic pose, the sword shining（电影海报设计，一个美丽的中国女孩手持剑向前冲刺，下雪天，空中飘落着花瓣，女孩的全身呈现动感的姿态，手中的剑闪耀着光芒），可以拆解为以下 6 小段控制最终图像的文本短句。

» movie poster design（电影海报设计）。

» a pretty chinese girl is charging forward with a sword in hand（一个美丽的中国女孩手持剑向前冲刺）。

» snowy weather（下雪天）。

» petals falling（空中飘落着花瓣）。

» full body dynamic pose（女孩的全身呈现动感的姿态）。

» the sword shining（手中的剑闪耀着光芒）。

如果不干涉各文本的权重，则 Midjourney 默认所有权重为 1，生成的图像如下图所示。

如果在各文本短句中添加控制文本权重的英文双冒号，则可使 Midjourney 更突出某一细节。

下面先展示一个极端的案例，在 snowy weather 与 petals falling 后面分别添加了英文双冒号，即较大权重值，使提示语变为 movie poster design, a pretty chinese girl is charging forward with a sword in hand, snowy weather :: 20 petals falling::30, full body,dynamic pose, the sword shining . --ar 2:3 --s 800 --v 5，此时得到的图像如下图所示，可以看出，由于其他段落的权重默认为 1，而 petals falling 为 30，使图像仅突出了空中飘落花瓣的效果。

下面将提示语修改为 movie poster design::30, a pretty chinese girl is charging forward with a sword in hand, snowy weather::4 petals falling::2, full body, dynamic pose,the sword shining . --ar 2:3 --s 800 --v 5，在这句提示语中，海报设计权重被提高，因此得到了如右图所示的效果。

4.3 提示语常见关键词分类

4.3.1 内容描述类关键词

在提示语中，这一类关键词用于描述图像的内容。例如，一只小狗、一个村庄等。

当然，除此之外，如果有必要还要描述以下信息。

» 环境：是室内还是室外。如果在室内具体是哪里，是哪一种风格的室内环境，如中式、欧式、极简、现代等；如果是室外，具体在哪里，是山野中还是城市中等。

» 时间：这将决定画面的光线描述关键词。例如，在白天还是晚上，是黄昏还是正午。

» 光位：这将决定光线从哪个方向照射到画面的主体，例如，是顺光还是逆光，是侧光还是顶光。

» 人物：绝大部分画面中都有人物，此时要描述是哪个国家的人，还有性别、年龄、外貌、体征、衣服样式、表情、动作等。

» 画幅：指常见的远景、全景、中景、近景、特写等景别。

» 视角：指 Midjourney 在绘图时采用哪一个角度，如俯视、仰视、鸟瞰、无人机视角等。

通过在提示语中具体描述这些内容，就能精准地定义画面了。

虽然，由于 Midjourney 在生成图像时有一定的随机性，即使使用了上述描述关键词，有时也不一定能够得到非常精确的、符合关键词词义的图像。但如果在提示语没有这些关键词，就一定无法获得令人满意的效果。

另外，不需要在每一句提示语中均添加上述这些关键词，例如，这句提示语 song dynasty warriors holds a sword, behind the background is a fire dragon, landslide, frequent lightning, majestic, golden armor。描绘场景是：宋朝的勇士手持一把剑，背后是一条熊熊的火龙，大地崩塌，闪电频闪，威风凛凛，身穿金色铠甲。这条提示语得到的效果如右图所示，其效果基本符合笔者的想象。

4.3.2　图像类型关键词

一句完整的提示语，不仅要让 Midjourney“知道”要绘制什么样的图像，还必须要使其“明白”这个图像是什么类型的，是照片写实类的，还是插画类的，如果是插画类的，还要让它知道是油画还是水墨画。

这些关键词可以称为“图像类型关键词”。

在提示语中加入 ink color 或 chinese ink style，可以得到如右图所示的图像。

如果在提示语中添加，如 vector image、abstract lines 这样的关键词，就可以得到右图所示的极简风格矢量画作。而添加 photorealistic 这样的关键词，并配合使用正确的模型版本，则可以得到写实照片风格作品。

类似上面举例的关键词有很多，一方面笔者会尽量列出常见的关键词，另一方面大家也需要自己搜索、积累，形成自己的关键词库。

4.3.3 特殊效果关键词

在使用 Midjourney 进行创作时，要特别注意有一些效果几乎只能由特别的关键词来触发。例如，如果在提示语时使用 knolling 关键词，就可以生成类似下图所示的成分展示效果。

knolling 原意是指将工具或物品按照特定的方式排列和组织，通常是在工作台或工作区域中，以提高工作效率和可视性。最早由工具箱制造商 Andrew Kromelow 创造，用于描述一种将工具按照几何形状和角度整齐排列的方法，以便更容易找到和使用它们。后来，这个词被摄影师 Tom Sachs 广泛应用于摄影领域，描述整齐排列物品以拍摄艺术照片。

在训练 Midjourney 模型时，这种图像被打上了 knolling 的标签，因此，只要在这个词的前面添加主体名称，Midjourney 就会尝试分解主体，并将其成分在图像中以整齐排列的形式展示出来。

又如，在提示语中添加 bioluminescent 关键词后，Midjourney 将尝试使主体发光效果，这能够让图像看上去更梦幻。下面展示的两幅图像，分别展示了添加这个关键词后的天空云彩与海滩效果。这个词的原意是生物发光，用于描述能够发光的生物。

```
red bioluminescent, storm clouds, lightning
in cloud, violent sea, sunset, surreal
award winning nature photography, depth of
field, photographed with hasselblad leica
lens light reflectors, --ar 3:2 --q 2
--s 500
```

```
bioluminescent beach, wide angle,
photorealistic  --ar 16:9 --s 1000
```

4.4　12类内容描述关键词

4.4.1　景别关键词

景别关键词包括 close-up（特写）、mediumclose-up（中特写）、mediumshot（中景）、mediumlongshot（中远景）、longshot（远景）、bokeh（背景虚化）、fulllengthshot（全身照）、detailshot（大特写）、waistshot（腰部以上）、kneeshot（膝盖以上）、faceshot（面部特写）等。

4.4.2　视角关键词

视角关键词包括 wide angle view（广角视角）、panoramic view（全景视角）、low angle shot（低角度视角）、overhead（俯拍视角）、eye-level（常规视角）、aerial view（鸟瞰视角）、fisheye lens（鱼眼视角）、macrolens（微距视角）、top view（顶视图）、tilt-shift（称轴视角）、satellite view（卫星视角）、bottom view（底视角）、front view（前视角）、side view（侧视角）、back view（后视角）等。

4.4.3　光线关键词

光线关键词包括 volumetric lighting（体积光）、cinematic lighting（电影灯光）、front lighting（正面照明）、back lighting（背景照明）、rim lighting（边缘照明）、global illuminations（全局照明）、studio lighting（工作室灯光）、natural light（自然光）、front lighting（顺光）、side lighting（侧光）、back lighting（逆光）、rim lighting（侧逆光）、volumetric lighting（体积光）、studio lighting（工作室灯光）、natural light（自然光）、day light（日光）、night light（夜光）、moon light（月光）、god rays（丁达尔光）等。

4.4.4　天气关键词

天气关键词包括 sunny（晴天）、cloudy（阴天）、rainy（雨天）、torrentialrain（暴雨）、snowy（雪天）、lightsnow（小雪）、heavysnow（大雪）、foggy（雾天）、windy（多风）等。

4.4.5　环境关键词

环境关键词包括 forest（森林）、desert（沙漠）、beach（海滩）、mountain range（山脉）、grassland（草原）、city（城市）、countryside（农村）、lake（湖泊）、river（河流）、ocean（海洋）、glacier（冰川）、canyon（峡谷）、garden（花园）、national park（森林公园）、volcano（火山）等。

4.4.6 情绪关键词

情绪关键词包括 angry（愤怒）、happy（高兴）、sad（悲伤）、anxious（焦虑）、surprised（惊讶）、afraid（恐惧）、embarrassed（羞愧）、disgusted（厌恶）、terrified（惊恐）、depressed（沮丧）等。

4.4.7 描述姿势与动作的关键词

描述姿势与动作的关键词包括 stand（站立）、sit（坐）、lie（躺）、bend（弯腰）、grab（抓住）、push（推）、pull（拉）、walk（走）、run（跑步）、jump（跳）、kick（踢）、climb（爬）、slide（滑行）、spin（旋转）、clap（拍手）、wave（挥手）、dance（跳舞）、clenched fist（握拳）、raise hand（举手）、salute（敬礼）、dynamic poses（动感姿势）、kung fu poses（武术姿势）等。

4.4.8 描述面貌特点的关键词

描述面貌特点的关键词包括 eyes（眼睛）、eyebrows（眉毛）、eyelashes（睫毛）、nose（鼻子）、mouth（嘴巴）、teeth（牙齿）、lips（嘴唇）、cheeks（脸颊）、chin（下巴）、forehead（额头）、ears（耳朵）、neck（颈部）、skin color（肤色）、wrinkles（皱纹）、beard/mustache（胡子）、hair（头发）等。

4.4.9 描述年龄的关键词

描述年龄的关键词包括 infant（婴儿）、toddler（幼儿）、elementary schooler（小学生）、middle schooler（中学生）、young adult（青年）、middle-aged（中年人）、elderly/senior/old man/old woman（老年人），也可以使用具体的数字来描述年龄，如 forty-five years old（45 岁）、fifty-five years old（55 岁）等。

4.4.10 描述服装关键词

描述服装关键词包括 casual style（休闲风格）、sporty style（运动风格）、rural style（田园风格）、beach style（海滩风格）、elegant style（优雅风格）、fashionable style（时尚潮流风格）、formal style（正装风格）、vintage style（复古风格）、artistic style（文艺风格）、minimalist style（简约风格）、modern style（摩登风格）、ethnic style（民族风格）、fancy style（花式风格）、bohemian style（波希米亚风格）、lolita style（洛丽塔风格）、cowboy style（牛仔风格）、workwear style（工装风格）、hanfu style（汉服风格）、victorian style（维多利亚风格）等。

4.4.11 描述户外环境常用关键词

描述户外环境常用关键词包括 mountain range（山脉）、peak（山峰）、canyon（峡谷）、

cliff（悬崖）、river（河流）、waterfall（瀑布）、lake（湖泊）、beach（海滩）、coast（海岸）、peninsula（半岛）、island（岛屿）、prairie（草原）、desert（沙漠）、plateau（高原）、hill（丘陵）、forest（森林）、meadow（草地）、wetland（湿地）、volcano（火山）、glacier（冰川）、bay（峡湾）、terraced landscape（峁地）、dune（沙丘）、flower fields（花海）、stone forest（石林）等。

4.4.12　材质关键词

材质关键词包括 wood（木头）、metal（金属）、plastic（塑料）、stone（石头）、glass（玻璃）、paper（纸张）、ceramic（陶瓷）、silk（丝绸）、cotton（棉布）、wool（毛料）、leather（皮革）、rubber（橡胶）、pearl（珍珠）、marble（大理石）、enamel（珐琅）、satin（绸缎）、linen（细麻布）、cellulose（纤维素）、diamond（金刚石）、feather（羽毛）等。

4.5　常见图像类型描述关键词

下面列出一些常见的图像类型定义关键词。

oil painting（油画）、pencil drawing（铅笔画）、watercolor painting（水粉画）、vector illustration（矢量插画）、chinese ink painting（中国水墨画）、indian ink painting（印度水墨画）、paper oil painting（纸上油画）、canvas oil painting（布面油画）、acrylic painting（丙烯画）、pastel painting（粉彩画）、charcoal drawing（炭笔画）、sketching（素描）、colored pencil drawing（彩色铅笔画）、paper cutting（剪纸）、eggshell painting（蛋壳画）、watercolor pencil drawing（水彩铅笔画）、porcelain painting（瓷画）、pen and ink drawing（钢笔画）、ink wash painting（墨迹）、digital painting（数码绘画）、gemstone painting（玉石画）、etching（雕刻画）、glass painting（玻璃画）、paper plate painting（纸盘画）、toy painting（玩具画）、classical painting（古典绘画）、environmental art（环保画）、neon art（霓虹画）、3d painting（立体画）、mask painting（面具画）、jewelry painting（珠宝画）、textile art（纺织品画）、face painting（面部画）、mural painting（壁画）、ice sculpture（冰雕）、music painting（音乐画）、digital collage（数字拼贴画）、graffiti art（涂鸦画）、abstract art（抽象画）、bamboo painting（竹画）、nature art（自然画）、carpet painting（地毯画）、silkscreen printing（丝网印刷）、ceramic glazing（陶瓷釉面）、fresco painting（壁画绘制）、sgraffito（刻线陶瓷）、inlay（嵌入工艺）、cameo（浮雕背景）、pointillism（点彩派）、filigree（镂空工艺）、decopauge（胶合绘画）、candle making（蜡烛制作）、pottery throwing（陶艺制作）、glassblowing（玻璃吹制）、lacquerware（漆器工艺）、mosaicking（马赛克制作）、bonsai（盆景树艺）、ikebana（插花艺术）、flat effect（平面效果）、3d effect（3d 效果）、papercut effect（剪纸效果）、mosaic effect（马赛克效果）、

tie-dye effect（扎染效果）、vector effect（矢量效果）、faded effect（褪色效果）、woodcut effect（木刻效果）、enamel effect（珐琅效果）、neon effect（霓虹效果）、digital effect（电子效果）、cartoon effect（卡通效果）、collage effect（拼贴效果）、stamp effect（印章效果）等。

例如，右上图为使用 graffiti art 关键词得到的效果，右下图为使用 watercolor painting 关键词得到的效果。

4.6 撰写提示语的通用模板

在了解了常用的关键词后，可以推导出一个如下所示的通用的提示语撰写模板。

主题 +主角+ 背景+环境+气氛+构图+镜头+风格化+参考+图像类型

» 主题：描述想要绘制的主题，如珠宝设计、建筑设计、贴纸设计等。

» 主角：既可以是人也可以是物，对其大小、造型、动作等进行详细描述。

» 环境：描述主角所处的环境，如室内、丛林中、山谷中等。

» 气氛：包括光线，如逆光、弱光，以及天气，如云、雾、雨、雪等。

» 构图：描述图像的景别，如全景、特写等。

» 风格化：描述图像的风格，如中式、欧式等。

» 参考：描述生成图像时Midjourney的参考类型，可以是艺术家的名字，也可以是某些艺术网站。

» 图像类型：描述图像是插画还是照片，是像素画还是3d渲染效果等。

下面通过分析一句提示语来展示具体应用。

the girls stand on a street corner, one dressed in trendy, streetwear-inspired clothes while the other dons flowy, bohemian attire. the scene features a mix of natural and artificial light, with buildings and cityscape visible in the background. wide angel full portrait, photorealistic --ar 2:3 --s 600 --v 5

这句提示语描述的情景是：一个照片质量的图像中，有两个女孩站在街角，一个身穿时尚的街头风服装，另一个穿着飘逸的波希米亚服饰。背景中可见建筑和城市景观，自然光和人工光混合，广角，全身照。

在上面的提示语中，主角是 the girls，动作描述是 stand，环境是 a street corner 及 with buildings and cityscape visible in the background，主角造型是 one dressed in trendy, streetwear-inspired clothes while the other dons flowy，气氛是 mix of natural and artificial light，构图是 wide angel full portrait，图像类型由参数 --v 5 确定为照片类型。最终得到的 4 幅图像如右图所示。

4.7 撰写提示语的4种方法

4.7.1 罗列关键词法

如果对于希望生成的图像并没有确切的要求，则可以使用这种方法，即只需将希望图像中出现的各种元素的关键词罗列出来。只要提供足够多的关键词，生成的图像与你心中所构思的图像相差不会太大。

例如，以 mist, high mountains, canyons, peach blossoms, streams, sunset, traveler, evening glow, flying birds（雾、高山、峡谷、桃花、小溪、夕阳、行者、晚霞、飞鸟）为关键词生成的图像如下图所示，与心中所构思的场景区别不大。

由于希望生成的是照片类图像，可以在提示语中添加 shot by max rive（由 max rive 拍摄），max rive 是一位知名的风景摄影师，他的作品以壮观的自然风景和精湛的摄影技术著称。

4.7.2 刷新迭代法

即罗列关键词后不断单击 V# 按钮，直至刷新出令人满意的效果。例如，要生成一幅王冠的图像，可以直接用 a kings crown 这个关键语，除非对王冠的造型、颜色有特别的要求，否则在单击 V# 按钮两三次后，基本就能获得不错的图像效果。

4.7.3　翻译软件辅助法

除非有深厚的英文功底，否则笔者建议你在撰写提示语时，打开两三个在线翻译软件，先用中文描述自己希望得到的图像，再将其翻译成英文。

如果你的英文功底很弱，可以随便选择一个翻译结果填写在 /imagine 命令的后面。如果你的英文功底尚可，可以从中选择一个自己认为翻译得更加准确的结果填写在 /imagine 命令的后面。

笔者经常使用的是“百度在线翻译”“有道在线翻译”及“deepl 在线翻译”。

下面是笔者给出的文本、翻译后的文本及使用此文本生成的图像。

两队维京武士相互进攻，在荒凉的平原上，雨水透过乌云倾盆而下。他们的旗帜在风中沙沙作响。一面旗帜上，是黑乌鸦；另一面旗帜上，是断裂的剑柄。在这片战场上，士兵们用力挥舞着手中的斧头和长剑相互厮杀，他们身上的盔甲在光芒中闪烁，他们的脸上写满了愤怒和威严。远处有火焰与浓烟。风暴席卷了整个战场，将相互攻击的士兵们的旗帜和长发吹得翻飞。雨水打湿了他们的盔甲和武器。一些士兵已经倒在了泥泞的地上。

two armies of viking warriors attacked each other, and rain poured down through dark clouds on a desolate plain. their flags hunted in the wind. on one banner, a black crow; on the other, a broken hilt.on this field, soldiers fought each other with axes and swords, their armor glinting in the light, their faces angry and majestic. there were flames and smoke in the distance.the storm swept across the field, blowing the flags and long hair of the soldiers who were attacking each other. the rain dampened their armour and weapons. some of the soldiers had fallen to the muddy ground.

从图像效果上来看，基本上达到了笔者心中构想的场景，在这个过程中翻译软件起到了至关重要的作用。

4.7.4 文本大模型辅助代写法

以 ChatGPT 为代表的文本大模型最近一年异常火爆，这些大模型都具有相当高的“智商”，可以用于撰写 Midjourney 所需要的提示语。下面以 ChatGPT 为例，展示其操作流程。

要用 ChatGPT 撰写提示语，需要先为 ChatGPT 设定任务背景，为此，笔者输入了下面的命令：“我正在使用 Midjourney 生成图像，Midjourney 是一款人工智能图像生成软件，依靠提示语生成图像。我下面将提出初步概念，请将概念扩展为一个复杂的场景，并根据这个场景撰写一条完整的提示语，在这条提示语的描述中要包括对场景风格、视觉效果、光线、主题、气氛的描述，以确保 Midjourney 可以依靠这些提示语生成复杂的图像。你需要给我中英文对照的提示语，需要注意的是，提示语要使用尽量简短的语句，尽量少用介词，如果明白了请回答明白，然后我将提出概念。”

ChatGPT 给出了正确的反馈，笔者也得到了对应的提示语。

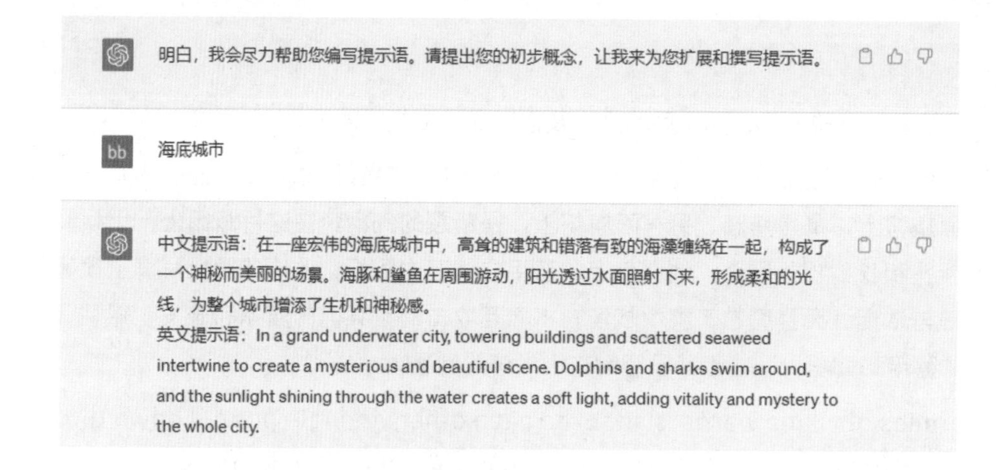

接下来，笔者切换至 Midjourney 中，输入从 ChatGPT 中得到的提示语，并添加了参数，则得到了下图展示的图像。

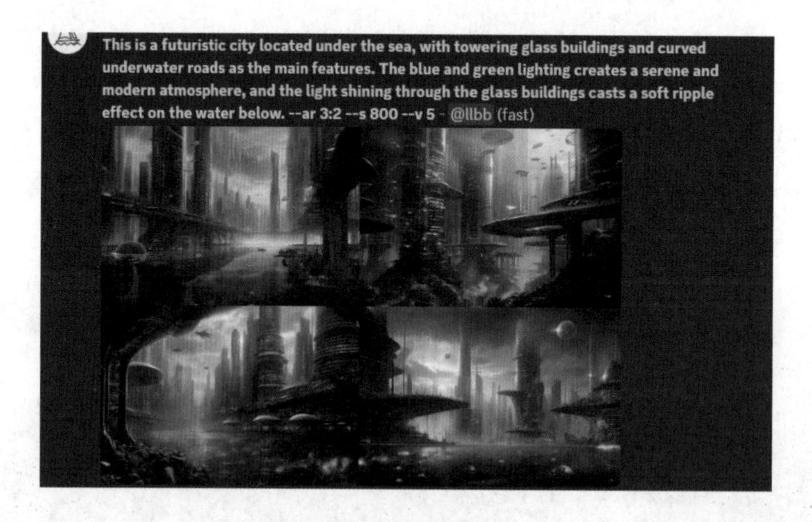

除了使用 ChatGPT，还可以考虑使用百度公司的“文心一言”、360 公司的“360 智脑文本生成”，昆仑万维的“天工 ai 助手”等文本大模型生成提示语。

4.7.5　网站程序辅助代写法

promptfolder

此网站具有填空式撰写提示语的能力，网站界面如下图所示。

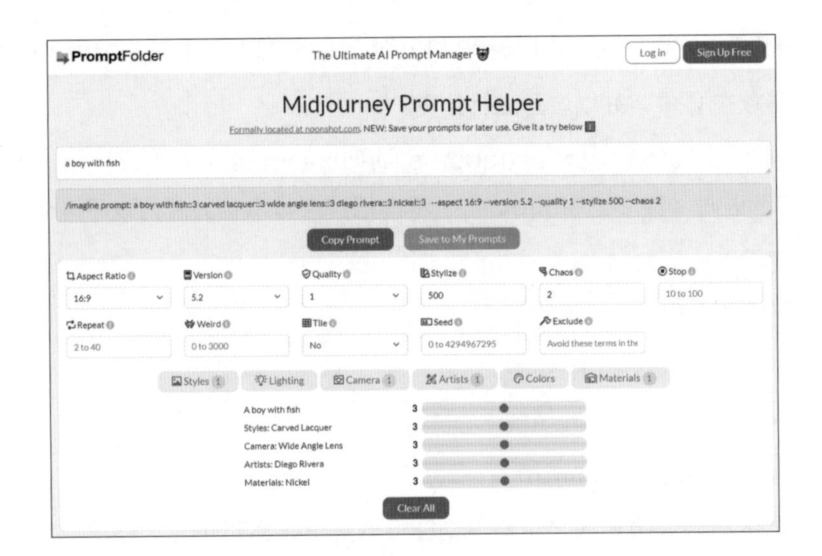

扫描查看网站

用户只需在页面上方的方框中填写图像的主要内容，然后分别在 aspect ratioa、version、quality、stylize、chaos、stop 等文本框中填写参数，再分别单击 styles、lighting、camera、artists、colors、materials 按钮，选择需要的风格、灯光、艺术家风格，即可得到一条提示语。

mjprompt

此网站的功能与 promptfolder 网站的功能类似，但界面更简洁，网站界面如下图所示。

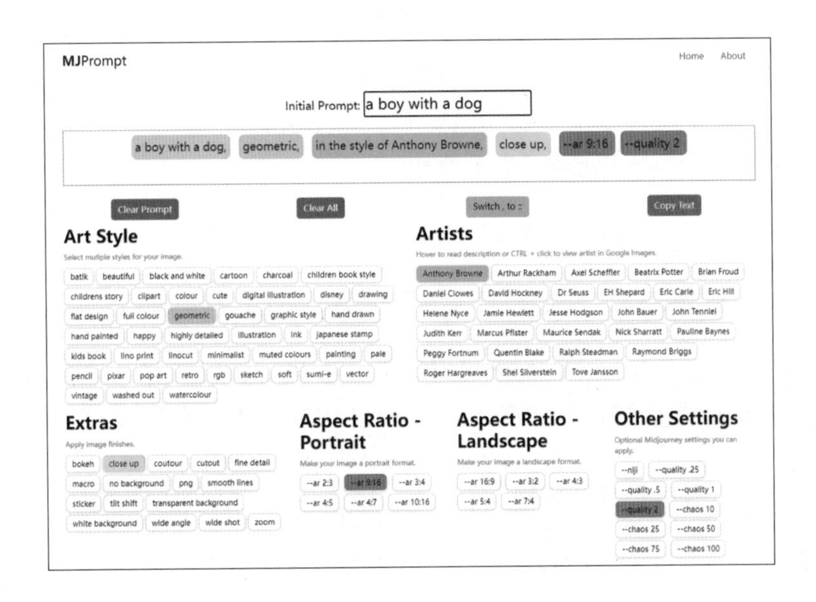

扫描查看网站

用户先在 initial Prompt 框中输入内容关键词，然后再分别从下面各个标签中选择需要的关键词，即可得到一句完整的提示语。

4.8 利用提示语中的变量批量生成图像

4.8.1 单变量

在最新的 Midjourney 版本中，可以使用类似编程中排列组合各类变量的方法来批量生成图像。

基本方法是将参数变量放在 {} 中，并以逗号进行分隔。

例如，当撰写并执行 a naturalist illustration of a {pineapple, blueberry, rambutan, banana} bird 这样一句提示语时，实际上 Midjourney 将会把这条提示语分解为以下 4 句，从而生成 4 组四格初始图像。

a naturalist illustration of a pineapple bird.

a naturalist illustration of a blueberry bird.

a naturalist illustration of a rambutan bird.

a naturalist illustration of a banana bird.

可以看出来，这样的命令格式大幅加快了用户得到图像的速度，当然也会大幅加快用户消耗订阅时间的速度。

除了可以在提示语的文本段落中使用变量，还可以将参数当作变量使用。例如，当用户撰写并执行 a bird --ar {3:2, 1:1, 2:3, 1:2} 这样一句提示语时，实际上 Midjourney 将会把这句提示语分解为以下 4 条，从而生成 4 组内容相同但画幅比例不同的四格初始图像。

a bird --ar 3:2.

a bird --ar 1:1.

a bird --ar 2:3.

a bird --ar 1:2.

同理，也可以将 --s、--v、--c、--q 等参数当作变量加到提示语中。

4.8.2 多变量

在一组提示语中可以使用多个变量。

例如，当用户撰写并执行 a {bird,dog} --ar {3:2, 16:9} --s {200，900} 这样一句提示语时，实际上，Midjourney 将会把这句提示语分解为以下 8 条，从而生成 8 组内容不同、画幅比例不同、风格不同的四格初始图像。

a bird --ar 3:2 --s 200.

a bird --ar 16:9 --s 200.

a bird --ar 3:2 --s 900.

a bird --ar 16:9 --s 900.

a dog --ar 3:2 --s 200.

a dog --ar 16:9 --s 200.

a dog --ar 3:2 --s 900.

a dog --ar 16:9 --s 900.

4.8.3 嵌套变量

前面列举的都是单变量使用实例，用户根据需要还可以使用更复杂的嵌套变量。

例如，当用户撰写并执行 a {sculpture, painting} of a {apple {on a pier, on a beach}, dog {on a sofa, in a truck}}. 这样一句提示语时，实际上 Midjourney 将会把这句提示语分解为以下 8 条，从而生成 8 组不同的四格初始图像。

a sculpture of a appleon a pier.

a sculpture of a apple on a beach.

a sculpture of a dog on a sofa.

a sculpture of a dog in a truck.

a painting of a apple on a pier.

a painting of a apple on a beach.

a painting of a dog on a sofa.

a painting of a dog in a truck.

以下为对变量组合的拆解示意。

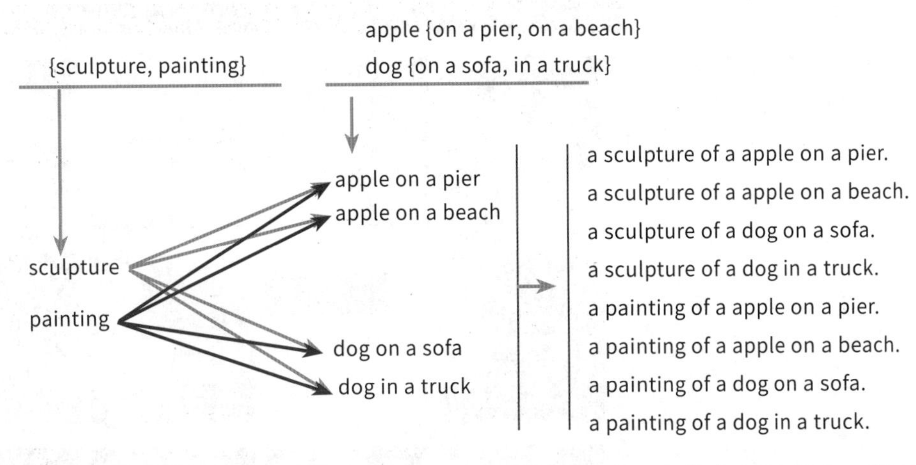

使用变量来撰写提示语的方法，特别适用于完成形式固定、图像各异的任务，例如，要为涂色书生成一批图像，则可以使用提示语 coloring page for adults, clean line art, {dog，cat，elephant，tiger，lion，bear，deer，giraffe，monkey，penguin，dolphin，whale，kangaroo，crocodile，snake} --v 4 --s 750。这样就能一次性针对 15 种动物生成 60 幅涂色图像，极大提高了工作效率。

4.9 学习提示语必须浏览的网站

对于初学者来说，学习的最好方式莫过于模仿。

在撰写提示语前，前往以下网站搜索与自己希望创作的图像主题相关的关键词，即可获得大量有提示语的参考图像，有时在某一幅参考图像的基础上，只需稍微修改几个关键词就能获得令人满意的图像效果。

midlibrary

在这个网站上可以看到大量有示例图的图像类型关键词与特殊效果关键词，如右图所示。

扫描查看网站

kalos art

在这个网站上可以找到多达 1340 名艺术家的风格示例及相应关键词，如右图所示。

扫描查看网站

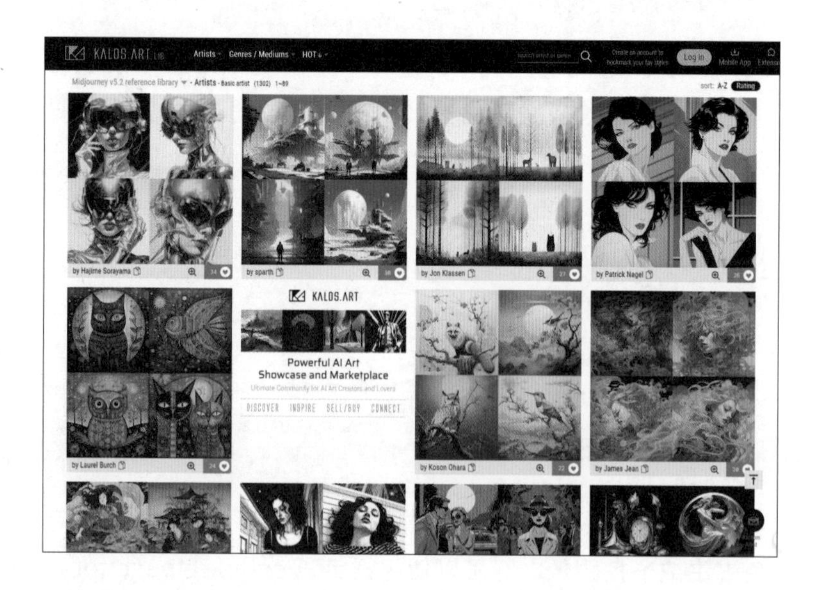

willwulfken

在这个网站上可以找到如材质、灯光、风格、主题等类型的关键词，如右图所示。

扫描查看网站

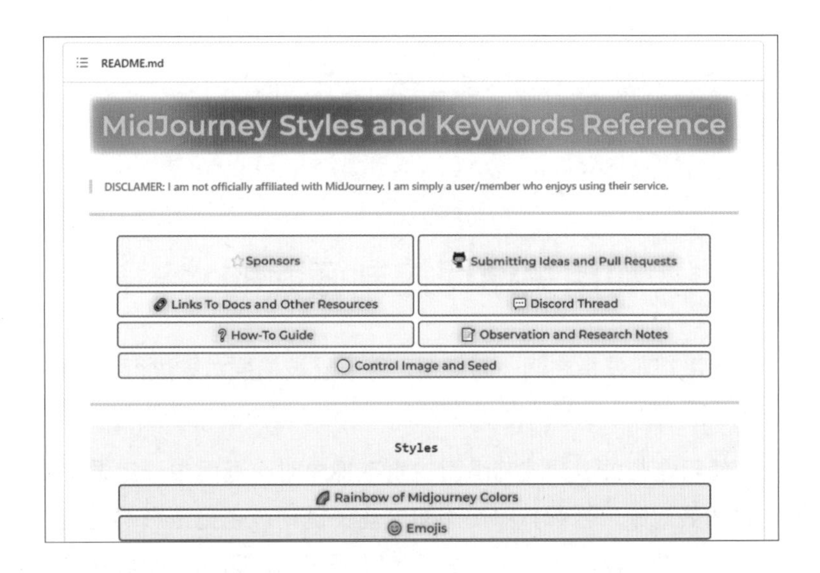

promptbase

在这个网站上可以买卖提示语，这意味着只要有娴熟的提示语创作技能，就能在这个网站出售自己撰写的提示语，如右图所示。

扫描查看网站

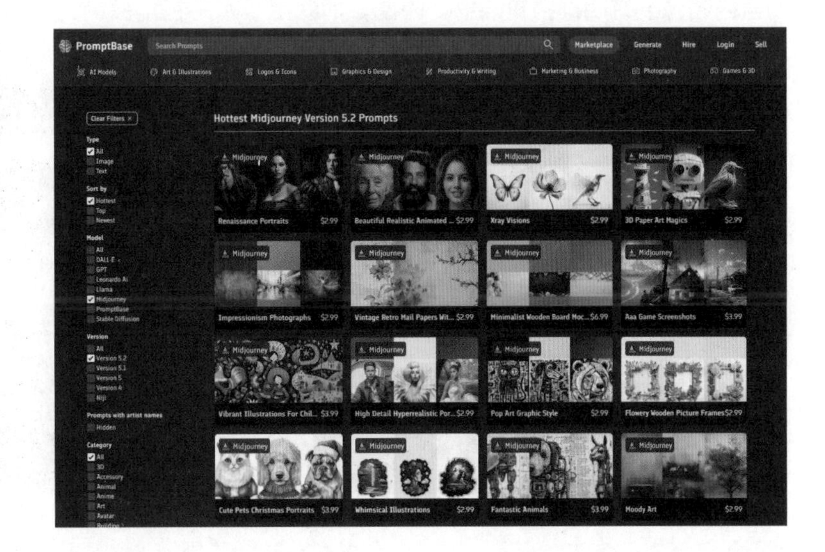

lexica

在这个网站（上可以依据关键词进行搜索，然后找到大量主题相似的图像，然后通过复制其关键词并做出有针对性的修改，即可得到适合自己使用的提示语，如右图所示。

扫描查看网站

第 5 章

利用关键词控制画面的视角、景别、色彩、光线等

5.1 利用关键词控制画面的水平视角

水平视角是指在同一高度上，围绕着被拍摄对象进行拍摄的不同方位，常用的关键词有 front view（前视）、side view（侧视）、back view（后视）。

使用这些关键词控制画面的水平视角时，画面中一定要有能够明确区分出前面、侧面、后面的物体或对象，否则，即使添加这些关键词，也无法影响画面的视角。例如，在下面展示的四组图像中，左上、右上、左下由于有一辆汽车，因此，能够依靠关键词来控制水平视角，但右下角的室内图像没有明确的参照物，因此，即使用了水平视角关键词，画面也没有明确的方位感。

side view, a white convertible supercar, a modern villa --s 750

back view, a white convertible supercar, a modern villa --s 750

front view, a white convertible supercar, a modern villa --s 750

front view, blue, a loft living room with modern decoration style --v 5.1 --s 750

5.2 利用关键词控制画面的垂直视角

垂直视角是指在同一方向上，围绕着被拍摄对象进行拍摄的不同方位，常用的关键词有 low angle shot（低角度视角）、eye-level（常规视角）、overhead（俯拍视角）、aerial view（鸟瞰视角）、top view（顶视图）、satellite view（卫星视角）。

其中，常规视角是默认的垂直视角，即在没有添加任何垂直视角关键词时，Midjourney 默认以这种视角来渲染画面。

另外，除非表现的场景非常宏大，否则使用 aerial view（鸟瞰视角）、top view（顶视图）、satellite view（卫星视角）关键词时，得到效果会非常接近。

下面的 6 个场景分别展示了使用这 6 个关键词能够得到的不同效果。

a red convertible supercar, a white modern villa, overhead --s 750 --v 5.1

a red convertible supercar, a white modern villa, low angle shot --s 750 --v 5.1

a red convertible supercar, a white modern villa, aerial view --s 750 --v 5.1

a red convertible supercar, a white modern villa, top view --s 750 --v 5.1

a red convertible supercar, a white modern villa, eye level view --s 750 --v 5.1

a red convertible supercar, a white modern villa, satellite view --s 750 --v 5.1

5.3 利用关键词控制画面景别

景别是指由于在焦距确定时，由于摄影机与被摄体的距离不同，而造成被摄体在画面中所呈现的范围大小的区别。景别一般可分为 5 种，由近至远分别为特写（人物肩部以上）、近景（人物胸部以上）、中景（人物膝部以上）、全景（人物的全部和周围部分环境）、远景（被摄体所处环境）。

在使用 Midjourney 进行创作时，可以使用的关键词有 close-up（特写）、medium close-up（中特写）、medium shot（中景）、medium long shot（中远景）、long shot（远景）、full length shot（全身照）、detail shot（大特写）、waist shot（腰部以上）、knee shot（膝盖以上）、face shot（面部特写）、wide angle view（广角视角）、panoramic view（全景视角）。下面分别用人像来展示使用不同的景别关键词获得的图像效果。

close-up view, two girls in style cowboy style clothing stand on the street, front view, photography --s 750 --v 5.1

full length shot, two girls in style cowboy style clothing stand on the street, front view, photography --s 750 --v 5.1

waist shot, two girls in style cowboy style clothing stand on the street, front view, photography --s 750 --v 5.1

medium shot, two girls in style cowboy style clothing stand on the street, front view, photography --s 750 --v 5.1

panoramic view, two girls in style cowboy style clothing stand on the street, front view, photography --s 750 --v 5.1

wide angle view, two girls in style cowboy style clothing stand on the street, front view, photography --s 750 --v 5.1

当创建风光类图像时，也可以使用以上关键词，但需要注意的是，只有使用 close-up（特写）、wide angle view（广角视角）、panoramic view（全景视角）时，画面才会有明显的变化 ，使用其他的关键词时，画面的景别变化不明显。

wide angle view, a beautiful photorealistic seascape, sunset, long exposure --v 5.1 --ar 3:2 --s 750

medium shot, a beautiful photorealistic seascape, sunset, long exposure --v 5.1 --ar 3:2 --s 750

panoramic view, a beautiful photorealistic seascape, sunset, long exposure --v 5.1 --ar 3:2 --s 750

medium long shot, a beautiful photorealistic seascape, sunset, long exposure --v 5.1 --ar 3:2 --s 750

long shot, a beautiful photorealistic seascape, sunset, long exposure --v 5.1 --ar 3:2 --s 750

close up view, a beautiful photorealistic seascape, sunset, long exposure --v 5.1 --ar 3:2 --s 750

需要特别注意的是，在创作时不必过分纠结画面的景别，因为，小景别可以通过从大景别照片裁切得到，而大景别则可以依靠使用前文讲述过的 zoom 命令扩展得到。

5.4 利用关键词控制画面的光线

5.4.1 控制光线的类型

在使用 Midjourney 进行创作时，光线是非常重要的控制要素，可以尝试使用以下关键词：cinematic lighting（电影灯光）、global illuminations（全局照明）、studio lighting（影室灯光）、natural light（自然光）、rim lighting（边缘光）、day light（日光）、night light（夜光）、moon light（月光）、god rays（丁达尔光）、volumetric lighting（体积光），下面以人像和风景照为例展示了不同关键词的效果。

在此需要特别说的是，god rays（丁达尔光）和 volumetric lighting（体积光）的效果类似。

moon light, studio background, a chinese handsome boy face to camera, front view --s 600 --v 5.1

god rays, studio background, a chinese handsome boy face to camera, front view --s 600 --v 5.1

god rays light, a winding road leads to the dense forest, with rays of light shining through the leaves onto the road, autumn --s 500 --v 5.1

volumetric lighting, a winding road leads to the dense forest, with rays of light shining through the leaves onto the road, autumn --s 500 --v 5.1

rim lighting, studio background, a chinese handsome boy face to camera, front view --s 600 --v 5.1

night light, studio background, a chinese handsome boy face to camera, front view --s 600 --v 5.1

5.4.2　控制光线的方位

当需要控制光线的方位时，常用的关键词有 front lighting（顺光）、side lighting（侧光）、back lighting（逆光），可以分别获得顺光、侧光与逆光的效果。

下面分别以背包产品照与人像，展示使用不同关键词获得的图像效果。

back light, gents simple back bag in style of superman, product shot, professional photography, studio lighting --s 500 --v 5.1

back light, a beautiful lady dressed in gorgeous chinese hanfu is dancing in an ancient chinese courtyard --s 500 --style raw --v 5.1

front light, gents simple back bag in style of superman, product shot, professional photography, studio lighting --s 500 --v 5.1

front light, a beautiful lady dressed in gorgeous chinese hanfu is dancing in an ancient chinese courtyard --s 500 --style raw --v 5.1

side light, gents simple back bag in style of superman, product shot, professional photography, studio lighting --s 500 --v 5.1

side light, a beautiful lady dressed in gorgeous chinese hanfu is dancing in an ancient chinese courtyard --s 500 --style raw --v 5.1

可以看出，虽然可以使用这些关键词来控制图像中的光线，但由于 Midjourney 在生成图像时不会在图像中只呈现一个光源，因此，光线的方位感并不十分明显，尤其是在使用顺光的关键词时，这种情况尤其明显。但使用逆光关键词时，通常可以获得比较好的效果。

5.5 利用关键词控制画面颜色

5.5.1 控制画面的颜色

除非要生成的是黑白图像，否则在使用 Midjourney 进行创作时，都应该注意控制画面的色彩倾向。具体可以使用的关键词有 red（红色）、orange（橙色）、yellow（黄色）、green（绿色）、blue（蓝色）、purple（紫色）、pink（粉红色）、brown（棕色）、gray（灰色）、black（黑色）、white（白色）、gold（金色）、silver（银色）、cyan（青色）、lavender（马卡龙色）、turquoise（青绿色）、maroon（酒红色）、coral（珊瑚色）、jade（翠绿色）、almond（杏仁色）、grayscale（灰度）、monochromatic（单色调）等。

下面展示的 10 幅室内图像，均使用了不同的颜色关键词。

black, a loft living room with modern decoration style --v 5.1 --s 750

blue, a loft living room with modern decoration style --v 5.1 --s 750

yellow, a loft living room with modern decoration style --v 5.1 --s 750

green, a loft living room with modern decoration style --v 5.1 --s 750

purple, a loft living room with modern decoration style --v 5.1 --s 750

orange, a loft living room with modern decoration style --v 5.1 --s 750

grayscale, a loft living room with modern decoration style --v 5.1 --s 750

red, a loft living room with modern decoration style --v 5.1 --s 750

turquoise, a loft living room with modern decoration style --v 5.1 --s 750

white, a loft living room with modern decoration style --v 5.1 --s 750

5.5.2 控制画面的影调

除了控制画面的颜色，还可以使用关键词控制画面的影调，如 bright（明亮）、dark（暗淡）、high contrast（高对比）、light（光亮）、shadowy（阴影）、muted（柔和）、high key（高调）、low key（低调）。

下面展示的 6 幅餐厅图像，均使用了不同的影调关键词。

dark, a restaurant with modern minimalist decoration style --s 750 --v 5.1

bright, a restaurant with modern minimalist decoration style --s 750 --v 5.1

light, a restaurant with modern minimalist decoration style --s 750 --v 5.1

muted, a restaurant with modern minimalist decoration style --s 750 --v 5.1

high contrast, a restaurant with modern minimalist decoration style --s 750 --v 5.1

shadowy, a restaurant with modern minimalist decoration style --s 750 --v 5.1

5.6 利用关键词控制画面的天气

在为画面添加天气方面，可以尝试使用的关键词有 sunny（晴）、cloudy（阴）、rainy（雨）、torrential rain（暴雨）、snowy（雪）、foggy（雾）、windy（风）、ice（冰）。

下面展示的 8 幅纪实摄影效果图像，分别使用了不同的天气关键词。

rainy, panoramic view, in the chaotic streets of thailand, a man is dragging a cart full of goods facing the camera, photography, photorealistic --s 350 --v 5.1

cloudy, panoramic view, in the chaotic streets of thailand, a man is dragging a cart full of goods facing the camera, photography, photorealistic --s 350 --v 5.1

sunny, panoramic view, in the chaotic streets of thailand, a man is dragging a cart full of goods facing the camera, photography, photorealistic --s 350 --v 5.1

torrentialrain, panoramic view, in the chaotic streets of thailand, a man is dragging a cart full of goods facing the camera, photography, photorealistic --s 350 --v 5.1

snow, panoramic view, in the chaotic streets of thailand, a man is dragging a cart full of goods facing the camera, photography, photorealistic --s 350 --v 5.1

foggy, panoramic view, in the chaotic streets of thailand, a man is dragging a cart full of goods facing the camera, photography, photorealistic --s 350 --v 5.1

windy, panoramic view, in the chaotic streets of thailand, a man is dragging a cart full of goods facing the camera, photography, photorealistic --s 350 --v 5.1

thin ice, panoramic view, in the chaotic streets of thailand, a man is dragging a cart full of goods facing the camera, photography, photorealistic --s 350 --v 5.1

5.7 利用关键词定义画面环境

如果需要在画面中定义环境，可以使用的关键词有 forest（森林）、desert（沙漠）、beach（海滩）、mountain range（山脉）、grassland（草原）、city（城市）、countryside（农

村）、lake（湖泊）、river（河流）、ocean（海洋）、glacier（冰川）、canyon（峡谷）、garden（花园）、national park（森林公园）、mountain range（山脉）、peak（山峰）、cliff（悬崖）、waterfall（瀑布）、beach（海滩）、coast（海岸）、island（岛屿）、desert（沙漠）、plateau（高原）、hill（丘陵）、meadow（草地）、volcano（火山）、dune（沙丘）、flower fields（花海）、stone forest（石林）等。

需要注意的是，可在同一图像中组合使用以上关键词，以形成复杂的地貌。

glacier, waterfall, flower fields, stone forest --s 750 --v 5.1

grassland, lake, mountain range, --s 750 --v 5.1

plateau, hill, meadow, volcano --s 750 --v 5.1

forest, desert, cliff --s 750 --v 5.1

5.8 控制前景与背景的关键词

使用 Midjourney 生成图像，有时需要控制生成图像的前景与背景，此时可以使用关键词 foreground+ 画面环境关键词来控制前景，用 background+ 画面环境关键词来控制背景。

moon light, an robot sitting on the ground with his head bowed, the background is sci-fi city --s 750 --v 5.1

moon light, an robot sitting on the ground with his head bowed, the foreground is a row of burning candles. --s 750 --v 5.2

5.9 利用关键词定义对象材质

当要控制生成的图像中对象的材质时，可以使用 made of，并在 of 后面添加任何材质关键词，例如 fly dragon made of electronic components and pcb circuits，使用的材质是电子元件和 PCB 电路板。

常用材质关键词有 wood（木头）、metal（金属）、plastic（塑料）、stone（石头）、glass（玻璃）、paper（纸张）、ceramic（陶瓷）、silk（丝绸）、cotton（棉布）、wool（毛料）、leather（皮革）、rubber（橡胶）、pearl（珍珠）、marble（大理石）、enamel（珐琅）、satin（绸缎）、linen（细麻布）、cellulose（纤维）、diamond（金刚石）、feather（羽毛）等。

下面为使用 6 种不同的材质生成的运动鞋创意概念图。

sport shoes, made of gold glitter payette --s 750 --v 5.2

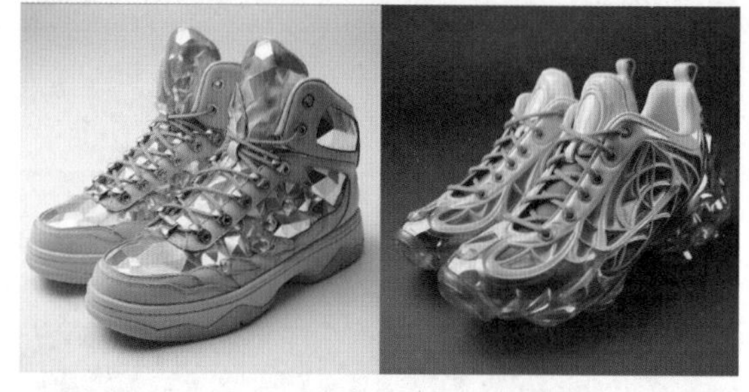

sport shoes, made of mother of pearl and diamonds --s 750 --v 5.2

sport shoes, made of lace and ribbons --s 750 --v 5.2

sport shoes, made of shining diamonds --s 750 --v 5.2

sport shoes, made of electronic components --s 750 --v 5.2

sport shoes, made of gold linen and feather --s 750 --v 5.2

5.10 控制元素数量的关键词

有时可能需要在提示语中添加数量，如 5 个苹果、9 个人等，虽然根据测试，到目前为止，Midjourney 尚无法精确控制图像中元素的数量。但这并不意味写入数量肯定无法得到正确的图像，例如，在生成下左图所示的图像时，使用的提示语为 there are three girls in the classroom（教室里有 3 个女孩），生成下中图像时使用的提示语为 there are five white doves flying in the square（广场上飞舞着 5 只白鸽），生成下右图像时使用的提示语为 there are nine girls in the classroom（教室里有 9 个女孩）。很明显，这 3 幅图像中一正两误，这意味着当在提示语中添加控制元素数量的句式时，得到的结果有随机性。

there are three girls in the classroom

there are five white doves flying in the square

there are nine girls in the classroom

但 Midjourney 能够较好地处理不太精确的数量，例如可以使用 few（很少的，少数的）、several（几个）、many（许多，很多）、numerous（大量的）、a couple of（两个，几个）、dozens of（几十个）、scores of（许多）、hundreds of（数百个）、thousands of（数千个）、large pile of （一大堆的）等关键词，在图像中展示相对正确的非精确元素量级。例如，下左图使用了 large pile of （一大堆的），下右图使用了 few（很少的，少数的）关键词，得到的图像中元素的量级控制是正确的。

large pile of gold jewelry --ar 3:2 --v 5 --s 750 --q 2

few gold jewelry --ar 3:2 --v 5 --s 750 --q 2

5.11 利用关键词控制人物

5.11.1 描述年龄的关键词

使用以下关键词，可以定义图像中人物的年龄段。

infant（婴儿）、toddler（幼儿）、elementary schooler（小学生）、middle schooler（中学生）、young adult（青年）、middle-aged（中年人）、elderly/senior/old man/old woman（老年人）。

注意，虽然也可以使用具体的数字来描述年龄，如 forty-five years old（45 岁）、fifty-five years old（55 岁），但 Midjourney 无法区分比较相近的年龄，例如，使用 50 岁、55 岁关键词的情况下，生成的图像中人物的外貌实际上没多大区别。

a infant is lying on the fabric sofa in the living room. --s 500 --v 5.2

a elementary schooler is lying on the fabric sofa in the living room. --s 500 --v 5.2

a toddler is lying on the fabric sofa in the living room. --s 500 --v 5.2

a middle schooler is lying on the fabric sofa in the living room. --s 500 --v 5.2

a middle-aged man is lying on the fabric sofa in the living room. --s 500 --v 5.2

a old man is lying on the fabric sofa in the living room. --s 500 --v 5.2

5.11.2　描述面部特征的关键词

在创作有人像的图像时，可以使用关键词控制人物的面部特征。这些关键词包括 eyes（眼睛）、eyebrows（眉毛）、eyelashes（睫毛）、nose（鼻子）、mouth（嘴巴）、teeth（牙齿）、lips（嘴唇）、cheeks（脸颊）、chin（下巴）、forehead（额头）、ears（耳朵）、skin color（肤色）、wrinkles（皱纹）、beard（胡子）、hair（头发）等。下面展示了 6 组使用不同关键词获得的人像图像。

blue eyes, white eyebrows, thin lips, wheat-colored skin, thick beard, and dense, curly hair --s 750 --v 5.1

green eyes, black eyebrows, thick lips, white skin, long gray curly hair --s 750 --v 5.1

red hair, forehead covered in wrinkles, black skin, a smile at the corner of the mouth. --s 750 --v 5.1

green eyes, a mane of jet-black curly hair, skin as fair as snow, red lips. --s 750 --v 5.1

gray beard, unruly hair, relatively dirty skin. --s 750 --v 5.1

blue eyes, a high nose bridge, long and silky hair, white teeth, rosy cheeks. --s 750 --v 5.1

5.11.3 描述情绪的关键词

在创作有人像的图像时，可以尝试添加用于控制情绪的关键词，如 laugh（大笑）、cry（哭泣）、angry（愤怒）、happy（高兴）、sad（悲伤）、anxious（焦虑）、surprised（惊讶）、afraid（恐惧）、embarrassed（羞愧）、disgusted（厌恶）、terrified（惊恐）、depressed（沮丧）。

需要注意的是，Midjourney 无法精准地区分表情比较相近的情绪，如 sad（悲伤）与 depressed（沮丧）。下面展示了使用不同的情绪关键词创作的 12 组图像。

laugh, boy, front view, photography, photorealistic --s 750 --v 5.1

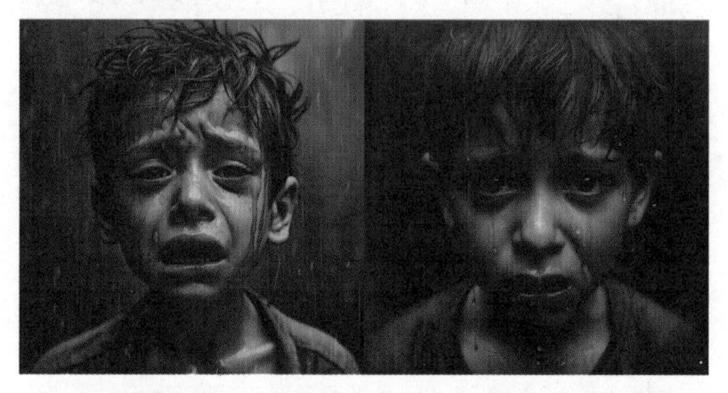

cry, boy, front view, photography, photorealistic --s 750 --v 5.1

crazy, boy, front view, photography, photorealistic --s 750 --v 5.1

angry, boy, front view, photography, photorealistic --s 750 --v 5.1

sad, boy, front view, photography, photorealistic --s 750 --v 5.1

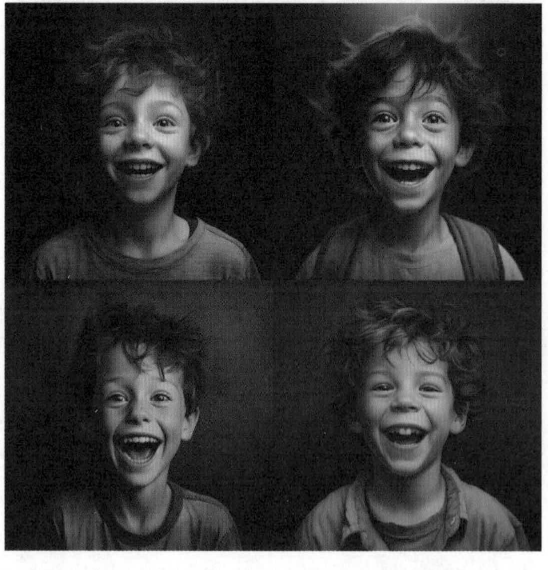

happy, boy, front view, photography, photorealistic --s 750 --v 5.1

anxious, boy, front view, photography, photorealistic --s 750 --v 5.1

surprised, boy, front view, photography, photorealistic --s 750 --v 5.1

afraid, boy, front view, photography, photorealistic --s 750 --v 5.1

embarrassed, boy, front view, photography, photorealistic --s 750 --v 5.1

terrified, boy, front view, photography, photorealistic --s 750 --v 5.1

depressed, boy, front view, photography, photorealistic --s 750 --v 5.1

需要特别指出的是，使用这些表情关键词并不一定会完全准确地使图像中人物呈现正确的表情，这取决于 Midjourney 的训练集中是否有对应的训练素材。例如，在生成下面的古装人像时，虽然同样使用了各种表情关键词，但只有几个获得了正确的结果 。

happy, a chinese girl, front view, chinese ancient hanfu clothing, ming dynasty, embroidery --s 750 --v 5.1

sad, a chinese girl, front view, chinese ancient hanfu clothing, ming dynasty, embroidery --s 750 --v 5.1

angry, a chinese girl, front view, chinese ancient hanfu clothing, ming dynasty, embroidery --s 750 --v 5.1

surprised, a chinese girl, front view, chinese ancient hanfu clothing, ming dynasty, embroidery --s 750 --v 5.1

afraid, a chinese girl, front view, chinese ancient hanfu clothing, ming dynasty, embroidery --s 750 --v 5.1

laugh, a chinese girl, front view, chinese ancient hanfu clothing, ming dynasty, embroidery --s 750 --v 5.1

5.11.4 描述姿势与动作的关键词

当图像中有人物时，为了让人物更好地表现图像主题，有时需要定义人物的动作，此时，可以尝试使用的关键词有 stand（站立）、sit（坐）、lie（躺）、bend（弯腰）、grab（抓住）、push（推）、pull（拉）、walk（走）、run（跑步）、jump（跳）、kick（踢）、climb（爬）、slide（滑行）、spin（旋转）、clap（拍手）、wave hand（挥手）、dance（跳舞）、clenched fist（握拳）、raise hand（举手）、salute（敬礼）、dynamic poses（动感姿势）、kung fu poses（武术姿势）等。

kung fu poses, a boy in classroom, front view, photography, photorealistic, full body, full portrait --s 750 --v 5.1

sit, a boy in classroom, front view, photography, photorealistic, full body, full portrait --s 750 --v 5.1

walk, a boy in classroom, front view, photography, photorealistic, full body, full portrait --s 750 --v 5.1

run, a boy in classroom, front view, photography, photorealistic, full body, full portrait --s 750 --v 5.1

dance, a boy in classroom, front view, photography, photorealistic, full body, full portrait --s 750 --v 5.1

clenched fist, a boy in classroom, front view, photography, photorealistic, full body, full portrait --s 750 --v 5.1

raise hand, a boy in classroom, front view, photography, photorealistic, full body, full portrait --s 750 --v 5.1

jump, a boy in classroom, front view, photography, photorealistic, full body, full portrait --s 750 --v 5.1

climb, a boy in classroom, front view, photography, photorealistic, full body, full portrait --s 750 --v 5.1

wave hand, a boy in classroom, front view, photography, photorealistic, full body, full portrait --s 750 --v 5.1

需要特别注意的是，在使用这些关键词时，要注意将环境、人物、动作相互匹配。例如，下左图的语句中躺下的动作与教室的环境匹配度不高，但当笔者将环境设置为客厅时，则可以得到下右图，人物的动作表现效果明显更好。

lie down, a boy in classroom, front view, photography, photorealistic, full body, full portrait --s 750 --v 5.1

lie down, a boy in living room, photography, photorealistic, full body, full portrait --s 750 --v 5.1

除前面展示的常见姿势外，还可以考虑使用以下关键词：arms wide open（双臂张开）、leaning forward（身体前倾）、standing on one leg（单腿站立）、hand on hip（手叉腰）、hand in pocket（手插兜）、crossed armscrossed arms（双臂交叉）、crossed legs（跷二郎腿）、hands up（双手举起）、arms up（双臂高举）、boxing stance（拳击姿势）、salute（敬礼）、leaning back（向后靠着）、jumping（跳跃）、yoga pose（瑜伽姿势）、high kicks（高踢腿）、catwalk pose (T 台走秀姿势）、leaning against a wall（靠在墙上）、looking back over shoulder（回头看）、fixing her hair（整理头发）、squatting（蹲着）、fingers pointing forward（指向前方）、prayer pose（祈祷）。

a mighty short-haired chinese male wearing a red sportswear, photo, hand on hip --s 350 --v 5.1 --style raw

a mighty short-haired chinese male wearing a red sportswear, photo, standing on one leg --s 350 --v 5.1 --style raw

a mighty short-haired chinese male wearing a red sportswear, photo, arms wide open --s 350 --v 5.1 --style raw

a mighty short-haired chinese male wearing a red sportswear, photo, hand in pocket --s 350 --v 5.1 --style raw

a mighty short-haired chinese male wearing a red sportswear, photo, crossed armscrossed arms --s 350 --v 5.1 --style raw

a mighty short-haired chinese male wearing a red sportswear, photo, hands up --s 350 --v 5.1 --style raw

a mighty short-haired chinese male wearing a red sportswear, photo, yoga pose --s 350 --v 5.1 --style raw

a mighty short-haired chinese male wearing a red sportswear, photo, high kicks --s 350 --v 5.1 --style raw

a mighty short-haired chinese male wearing a red sportswear, photo, leaning against a wall --s 350 --v 5.1 --style raw

a mighty short-haired chinese male wearing a red sportswear, photo, fixing hair --s 350 --v 5.1 --style raw

a mighty short-haired chinese male wearing a red sportswear, photo, squatting --s 350 --v 5.1 --style raw

a mighty short-haired chinese male wearing a red sportswear, photo, fingers pointing forward --s 350 --v 5.1 --style raw

a mighty short-haired chinese male wearing a red sportswear, photo, boxing stance --s 350 --v 5.1 --style raw

a mighty short-haired chinese male wearing a red sportswear, photo, prayer pose --s 350 --v 5.1 --style raw

5.11.5 描述服饰风格的关键词

当使用 Midjourney 创作有人物的图像时，可以尝试使用以下关键词来控制人物的服饰风格。

casual style（休闲风格）、sport style（运动风格）、rural style（田园风格）、beach style（海滩风格）、elegant style（优雅风格）、fashionable style（时尚潮流风格）、formal style（正装风格）、vintage style（复古风格）、artistic style（文艺风格）、minimalist style（简约风格）、modern style（摩登风格）、ethnic style（民族风格）、fancy style（花式风格）、bohemian style（波希米亚风格服装）、lolita style（洛丽塔风格服装）、cowboy style（牛仔风）、workwear style（工装风）、hanfu style（汉服风格）、victorian style（维多利亚风格）。

two girls in style casual clothing stand on the street of the city, front view, photography --s 750 --v 5.1

two girls in style rural clothing stand on the street of the city, front view, photography --s 750 --v 5.1

two girls in style sport clothing stand on the street of the city, front view, photography --s 750 --v 5.1

two girls in style fashionable clothing stand on the street of the city, front view, photography --s 750 --v 5.1

two girls in style formal clothing stand on the street of the city, front view, photography --s 750 --v 5.1

two girls in style beach clothing stand on the street of the city, front view, photography --s 750 --v 5.1

two girls in style vintage clothing stand on the street of the city, front view, photography --s 750 --v 5.1

two girls in style victorian clothing stand on the street of the city, front view, photography --s 750 --v 5.1

two girls in style minimalist clothing stand on the street of the city, front view, photography --s 750 --v 5.1

two girls in style ethnic clothing stand on the street of the city, front view, photography --s 750 --v 5.1

two girls in style bohemian clothing stand on the street of the city, front view, photography --s 750 --v 5.1

two girls in style workwear clothing stand on the street of the city, front view, photography --s 750 --v 5.1

two girls in style cowboy clothing stand on the street of the city, front view, photography --s 750 --v 5.1

two girls in style hanfu clothing stand on the street of the city, front view, photography --s 750 --v 5.1

需要说明的是，这些风格类描述词不仅可以应用于服装，也可以应用于室内装饰等领域，下面是分别使用 casual style, sport style,rural style, beach style, fashionable style, vintage style, minimalist style, bohemian style, cowboy style, victorian style 等关键词获得的效果。

casual style, interior design, living room, photography, photorealistic --s 750 --v 5.1

sport style, interior design, living room, photography, photorealistic --s 750 --v 5.1

rural style, interior design, living room, photography, photorealistic --s 750 --v 5.1

beach style, interior design, living room, photography, photorealistic --s 750 --v 5.1

fashionable style, interior design, living room, photography, photorealistic --s 750 --v 5.1

minimalist style, interior design, living room, photography, photorealistic --s 750 --v 5.1

bohemian style, interior design, living room, photography, photorealistic --s 750 --v 5.1

victorian style, interior design, living room, photography, photorealistic --s 750 --v 5.1

另外，不同的版本模型对于风格的理解有时会有细微的区别，此时，如果用某一个版本的模型没有得到理想的效果，可以尝试更换另一个。例如，当使用 5.2 版本重新生成这一组室内设计图像时，可以看出来 5.1 版本模型的极简风格、田园风格、海滩风格、运动风格效果与主题更契合。

casual style, interior design, living room, photography, photorealistic --s 750 --v 5.2

sport style, interior design, living room, photography, photorealistic --s 750 --v 5.2

rural style, interior design, living room, photography, photorealistic --s 750 --v 5.2

beach style, interior design, living room, photography, photorealistic --s 750 --v 5.2

fashionable style, interior design, living room, photography, photorealistic --s 750 --v 5.2

minimalist style, interior design, living room, photography, photorealistic --s 750 --v 5.2

bohemian style, interior design, living room, photography, photorealistic --s 750 --v 5.2

victorian style, interior design, living room, photography, photorealistic --s 750 --v 5.2

5.12 利用主题关键词控制画面

前文讲解了若干种控制画面风格的关键词，其实除了使用这样的关键词，还可以利用主题关键词控制画面。

在设计领域中“主题”（theme）和“风格”（style）是比较容易混淆，但实际上却并不相同的概念。

5.12.1 风格

风格是与设计的视觉和感知特征有关的，它涉及设计的外观和感觉，包括颜色、纹理、形状、布局等方面的元素。风格可以在设计中体现出来，使设计具有独特的外观和特征。

风格通常是对设计的视觉或感觉属性的一种描述，它可以是抽象的，如现代、复古、简约等，也可以是具体的，如艺术派别（如印象主义、抽象表现主义）或文化风格（如亚洲风格、西方风格）。

一个主题可以以不同的风格进行表现。例如，以《变形金刚》为主题设计的背包，可以采用卡通风格、科幻风格、复古风格或现代风格，每种风格都会影响设计的外观和感觉，但主题依然是《变形金刚》。

5.12.2 主题

主题通常是指一个广泛的概念、思想或灵感，它为设计提供了一个基本的方向或框架。主题可以是一个特定的概念，如《变形金刚》、大自然、科幻等，也可以是一个情感、故事或文化元素。

主题为设计师提供了一个明确的着眼点，可以在整个设计过程中引导他们的决策，包括颜色、图案、形状、材料等。主题通常用于传达某种情感、故事或理念，以引发观众的共鸣或理解。

主题可以在不同的设计中表现不同的风格，因此，一个主题可以有多种不同的风格表现方式。

例如，在控制画面时，可以引用以下各类主题。

» 超级英雄主题：以著名超级英雄（如蜘蛛侠、钢铁侠、蝙蝠侠等）为主题的设计，可以包括相应的图案、颜色和形状，以体现超级英雄的特点。

» 太空/星际主题：太空和星际探索是一个广泛的主题，可以包括宇航员、宇宙飞船、星星和星系的元素，以得到太空探险的感觉。

» 恐龙主题：恐龙是一个较受欢迎的主题，可以用来设计恐龙骨骼、化石、恐龙形象等元素。

» 动物主题：设计可以以各种动物为主题，如狮子、猴子、狼等，以体现动物的特征和美感。

» 古代文化主题：以古代文明或文化为主题的设计，如埃及金字塔、中国文物、希腊神话等，可以展现历史和文化的元素。

» 未来科技主题：设计可以体现未来科技、机器人、太空旅行等元素，营造科幻感。

» 童话故事主题：以经典童话故事（如灰姑娘、白雪公主、小红帽等）为主题的设计，可以包括相应的故事角色和场景。

具体可以尝试使用的关键词如下。

transformers（《变形金刚》）、star wars（《星球大战》）、harry potter（《哈利·波特》）、marvel superheroes（《漫威超级英雄》）、dc superheroes（《DC 超级英雄》）、star trek（《星际迷航》）、the lord of the rings（《指环王》）、world of warcraft（《魔兽世界》）、fallout（《辐射》）、dragon ball（《七龙珠》）、doraemon（《哆啦 A 梦》）、pokémon（《宠物小精灵》）、the legend of sword and fairy（《仙剑奇侠传》）、godzilla（《哥斯拉》）、neon genesis evangelion（《新世纪福音战士》）、a chinese odyssey（《侠客风云传》）、kung fu（《功夫》）、journey to the west（《西游记》）、investiture of the gods（《封神演义》）、dream of the red chamber（《红楼梦》）、calabash brothers（《葫芦娃》）、afanti（《阿凡提》）、monkey king: hero is back（《大圣归来》）、boonie bears（《熊出没》）。

简而言之，主题是设计的核心概念或灵感，而风格是设计的视觉和感知属性。一个主题可以有多种不同的风格表现方式，这取决于设计师的创意和目标。

例如，在设计相机时，可以添加 transformers（《变形金刚》）关键词，来获得以其为设计主题灵感的图像，如下图所示。

第3部分

第6章

利用 Midjourney 创作插画与漫画

6.1 全面了解插画

插画是一种以图像为主导的艺术创作形式，用来增添文字内容的视觉效果，使其更加生动有趣，经常出现在图书、期刊杂志、广告宣传等媒介上。

6.1.1 插画的用途

插画的用途可以大致分为以下四类。

1.编辑性插画

这类插画通用在书籍、报纸、杂志、手机新闻等媒体中，以配合文字说明或补充信息。编辑性插画由媒体编辑委托插画师完成，通常有严格的要求和时间限制。在一些媒体中，编辑性插画已经变得非常重要，甚至能够与文字内容媲美。

2.儿童绘本插画

儿童绘本插画是专门为儿童设计的插画类别，用于故事书籍和知识传授。绘本通常以图画为主要表现方式，因为儿童更容易通过视觉理解故事内容和知识。儿童绘本的市场非常庞大，对培养儿童的阅读兴趣和习惯起着重要作用。

从图书市场的发展来看，几乎所有品类的纸媒图书发行量均逐年下降，但只有儿童类图书是逐年上升的。

3.新媒体插画

除了传统的出版物、广告、漫画、动画等领域，插画也逐渐进入了新媒体领域。例如，插图在 App、网站、社交媒体等方面都扮演着重要的角色。

4.商业插画

商业插画在广告、设计、时尚、海报、包装、瓶签、宣传品、商品图案等领域应用广泛。这类插画的目的是宣传和销售商品或服务，因此，需要满足商业需求，如吸引顾客、传递品牌信息等。商业插画的应用范围非常广泛，几乎无所不在，包括一些奢侈品牌，如爱马仕丝巾上的设计也使用了插画元素。

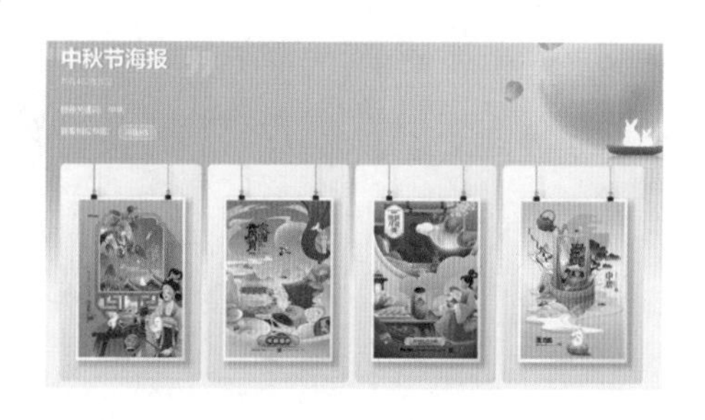

6.1.2 新的插画创作形式

值得一提的是，随着技术的发展，插画的创作方式也发生了革命性的变化。传统的手绘插画已经被以 Midjourney 为代表的 AI 插画所取代。使用 AI 插画具有以下优点。

1.门槛更低

对于那些可能没有绘画技巧或创作经验的人来说，使用 AI 插画工具降低了创作的门槛。例如，在以 Midjourney 为代表的 AI 创作平台上，每天都有数十万张新插画作品被上传，而这些作品的作者通常没有太多绘画经验。

2.快速、高效

AI 插画工具能够迅速生成大量插画稿，无须长时间等待，这有助于提高生产效率。艺术家可以更快地实现创意想法，满足紧迫的项目需求。

3.灵活

根据需要，可以使用 AI 插画工具来模拟不同艺术家的风格，从而提高了插画的质量。

4.节省成本

与聘请插画师相比，使用 AI 插画工具可以节省成本，尤其是在大规模项目中。这对于预算有限的创意团队和小型企业来说尤为有利。

5.效果出众

可以借助强大的 AI 插画工具获得普通插画师无法想象出的画稿，这一点与大众以前所认知的 AI 无法替换人工的创意大相径庭，但事实的确如此。

6.2 漫画创作

漫画是以连续的图画来叙述故事的作品。这些作品涵盖了各个年龄段，包括各种题材和风格，Midjourney 也可以用于漫画创作领域。

需要注意的是，漫画和插画是两种视觉艺术形式，它们有一些相似之处，但也有明显的区别。下面是漫画和插画之间的关系。

1.漫画特点

连续叙事：漫画通常是通过一系列的图像来叙述故事的，每幅图像都包含了场景、角色和对话。这种连续性是漫画的主要特点之一，因为它可以用来讲述故事、传达情感、引领事件的发展。

角色发展：漫画经常着重于角色的发展和情感表达。漫画家可以通过绘制角色的表情、动作和对话来展示他们的性格和情感。

各种流派和类型：漫画有多种不同的流派和类型，包括少年漫画、少女漫画、青年漫画等，每种类型都有其读者群和主题。

虚构世界：漫画通常在虚构的世界中讲述故事，这个世界可以包括奇幻元素、科幻元素、超自然元素等，从而创造出多种不同的故事情节。

2.插画特点

单一图像：插画通常是单一的图像，不需要连续地叙述故事。

强调视觉美感：插画通常强调视觉美感，可以是艺术性的、装饰性的，或者用于传达某种情感或概念。

广泛的应用：插画在各种媒体和领域中都有广泛的应用，包括编辑性插画、儿童绘本、商业插画等。

多样性：插画可以具有多样的风格和主题，可以根据需求和用途进行定制。它们不仅限于漫画中的虚构故事，还可以用于描绘现实生活、科学概念、历史事件等。

漫画和插画虽然是不同的艺术形式，但它们可以相互影响，互相借鉴，并在不同的情境下发挥作用。

6.3 两种方法生成插画或漫画图像

6.3.1 提示语法

在提示语中添加2d、illustration（插画）、line art（线描）、hand drawn（手绘）、vector（矢量图）、drawing（绘画）、watercolor（水彩画）、pencil（铅笔画）、ink style（水墨风格）、anime（动画）、flat painting（平面绘画）、comic（漫 画）等明确指出图像类型属于插画、绘画类的关键词，或者在提示语中使用in style of、by……语句，并在后面添加插画艺术家的名字、知名插画的名称、漫画作品的名称，则可以轻松得到各种不同类型的插画或漫画图像。

例如，生成下面的图像时，在提示语中添加了thin lines（细线条）、vector image（矢量图像）、abstract lines （抽象线条）3个关键词，并使用了minimalist portrait（极简风格肖像）语句。

a minimalist portrait of a woman wearing a hat and scarf with tapered lines on a dark red gradient background, simple, thin lines, vector image, abstract lines --ar 2:3 --v 4

生成下面的插画时，在提示语中加入了知名插画艺术家的名字peter elson，他是英国知名科幻插画家，其作品经常围绕着复杂的机器、外星人、星球和宇宙船等主题。

ci-fi worldly garden of paradise by peter elson --ar 2:3 --s 800 --v 5

6.3.2　参数法

在本书前文曾经讲解过的 niji 模型，专门用于生成插画。

撰写提示语时，还可以使用 --style cute、--style expressive、--style original 以及 --style scenic 参数，以控制生成图像的效果。

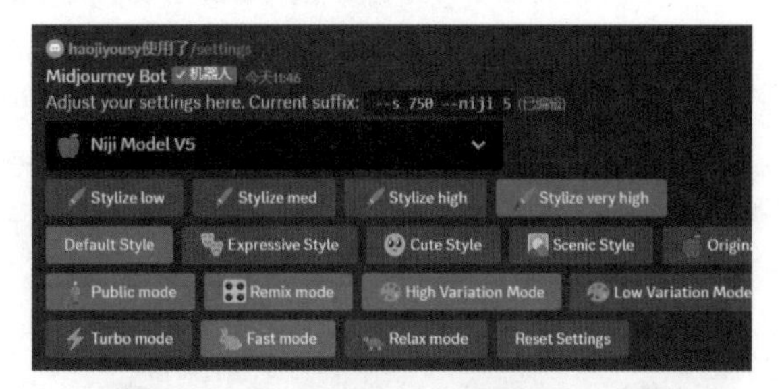

```
pokemon gym leader fan character concept, full portrait, fairy type pokemon, inspired by
xernieas and sylveon, cute, light skin, heterochromia, long thick white pinkish colored
hair, pink and white colorful and vibrant, auroracore, by studio trigger --ar 2:3 --niji 5
--s 750
```

6.3.3　理解版本参数对插画的影响

虽然，无论使用 v4、v5、v5.1、v5.2 还是 niji 版本参数，均可以生成插画，但正如本书在讲解版本参数时所指出的，v5.2 更偏照片、写实，因此，在使用时不能因为 v5.2 版本级别更高，就偏向于使用此版本参数。

下面展示的是在使用同一组提示语的情况下，分别使用不同版本的图像效果。

--v 5.2

--v 5.1

--v 5

--niji 5

6.4 以不同绘制方式创作插画或漫画

Midjourney 可以模拟生成以不同绘制方式创作的插画或漫画图像，例如水彩、素描、白描、水墨等，下面展示了在创作这些图像时要注意使用的关键词。

1. 水彩画效果

aerial view, watercolor, a pirate stands on a very high hill, looking down at the whole city, in style of anders zorn --ar 9:16 --v 4

2. 白描线条画效果

aerial view, coloring book page, simplified lineart vector outline, many intricate details, illustrator, a pirate stands on a very high hill, looking down at the whole city --ar 9:16 --v 4

3. 素描效果

aerial view, graphite sketch, many detail, a pirate stands on a very high hill, looking down at the whole city --ar 9:16 --v 4

4. 波普艺术复古漫画效果

aerial view, in pop art retro comic style, in style of roy lichtenstein, illustration, many detail, a pirate stands on a very high hill, looking down at whole city --ar 9:16 --v 4

5. 粉笔画效果

aerial view, chalk drawing, white lines on black background, many detail, a pirate stands on a very high hill, looking down at the whole city --ar 9:16 --v 4

6. 木刻版画效果

aerial view, mabel annesley style, woodcut print, many detail, a pirate stands on a very high hill, looking down at the whole city --ar 9:16 --v 4

7. 炭笔画效果

aerial view, charcoal drawing, black and white, many detail, a pirate stands on a very high hill, looking down at the whole city --ar 9:16 --v 4

8. 油画效果

aerial view, a pirate stands on a very high hill, looking down at the whole city, oil painting, brush strokes, by razumovskaya, --ar 9:16 --v 4 --s 800

9. 铅笔速写效果

apple, quick sketch. it should have a loose, free, and energetic feel, capturing the essence and movement of the subject rather than intricate details. --v 5.1 --s 500

10. 水墨画及工笔画效果

chinese ink painting, wu guanzhong style, under a willow tree, two boys of about three years old, dressed in chinese han clothes, squatting on the ground to play --ar 2:3 --v 5.2

two people sitting on a rock, pen and ink --ar 2:3 --v 5.2 --s 750

under the huge pine tree, dry bursh style, ancient chinese old man and the child. fog background, a lot of white space, traditional chinese ink painting style. --ar 2:3 --s 450 --style raw --v 5.2

birds, flowers, by emperor huizong of song dynasty --ar 9:16 --v 5

acrylic art, art by yoji shinkawa, kungfu character --ar 2:3 --s 750 --v 5.2

acrylic art, art by yoji shinkawa, kungfu character --ar 2:3 --s 750 --niji 5

6.5 生成日式插画与漫画的方法

在整个插画与漫画领域，日式风格是无法绕开的一个大类，其影响范围非常广泛，在世界范围内从插画、动画、游戏到出版物和广告等领域，都可以看到日式风格的痕迹。

在使用 Midjourney 生成日式插画与绘画作品时，可以尝试添加日本插画及漫画艺术家名称，以及著名的插画、漫画作品名称。

下面是生成日式插画需要了解的关于艺术家及对应知名作品的关键词。

» makoto shinkai（新海诚），代表作品 *your name*（《你的名字》）。

» osamu tezuka（手冢治虫），代表作品 *astro boy*（《铁臂阿童木》）。

» hayao miyazaki （宫崎骏），代表作品 *spirited away*（《千与千寻》）。

» eiichiro oda（尾田树），代表作品 *one piece*（《海贼王》）。

» naoko takeuchi（武内直子），代表作品 *sailor moon*（《美少女战士》）。

» takehiko inoue（井上雄彦），代表作品 *slam dunk*（《灌篮高手》）。

» hisashi hirai（平井久司），代表作品 *gundam*（《高达》）。

» hiroshi fujimoto（藤本弘），代表作品 *doraemon*（《哆啦 A 梦》）。

» yon yoshinari（吉成曜），代表作品 *evangelion*（《新世纪福音战士》）。

» akira toriyama（鸟山明），代表作品 *dragon ball*（《龙珠》）。

» miki miura（三浦美纪），代表作品 *chibi maruko-chan*（《樱桃小丸子》）。

» rumiko takahashi（高桥留美子），代表作品 *ranma ½*（《乱马 1/2 》）和 *inuyasha*（《犬夜叉 》）。

» leiji matsumoto（松本零士），代表作品 *space pirate captain harlock*（《宇宙海贼千松号》）和 *galaxy express 999*（《银河铁道之夜》）。

» yoshihiro togashi（富坚义博），代表作品 *yu yu hakusho*（《幽游白书 》）和 *hunter × hunter*（《猎人 × 猎人》）。

» mitsuteru yokoyama（横山光辉），代表作品 *jiro wang*（《铁甲小宝》）和 *tetsujin 28-go*（《铁人 28 号》）。

» hiromu arakawa（荒川弘），代表作品 *fullmetal alchemist*（《钢之炼金术师》）和 *silver spoon*（《银之匙》）。

» masashi kishimoto（岸本齐史），代表作品 *naruto*（《火影忍者》）。

» fujiko f. fujio （藤本树），代表作品 *fire punch*（《炎拳》）。

» osamu ishiguro（岩明均），代表作品 *lupin iii*（《鲁邦三世》）。

» shigeru mizuki（水木茂），代表作品 *gegege no kitaro*（《妖怪手册》）。

» tsukasa hojo（北条司），代表作品 *city hunter*（《城市猎人》）和 *angel heart*（《影子游戏》）。

» naoki urasawa（浦泽直树），代表作品 *20th century boys*（《20 世纪少年》）和 *monster*（《怪物》）。

下面是笔者使用不同的艺术家名称生成的插画效果，可以看出来画面风格差异明显。

a girl is walking on the street. in style of chibi maruko-chan, by miki miura --ar 2:3 --niji 5

in style of gundam, by hisashi hirai

in style of spirited away, by hayao miyazaki

in style of your name, by makoto shinkai

in style of eguchi hisashi

in style of yoji shinkawa

6.6 35种不同的插画风格

1. 中式剪纸平面风格效果

chinese new year posters, red, sunset, in the style of minimalist stage designs, landscape-focused, heavy texture --ar 2:3 --v 5.2 --s 350

2. 迷幻风格效果

psychedelic, sci-fi, colorful, disney princess --ar 2:3 --v 5

3. 细节华丽风格效果

eguchi hisashi style, a captivating portrait of a peking opera actress, expressive eyes and dramatic features, colorful costume --niji 5 --s 800 --ar 2:3

4. 华丽植物花卉风格效果

fusion between pointillism and alcohol ink painting, vibrant, glowing, ethereal elegant goddess by anna dittmann, baroque style ornate decoration, curly flowers and branches, metallic ink, --ar 2:3 --v 4

5. 滑稽风格插画效果

caricature art in the style of david low --v 5.1 --s 500

caricature art in the style of ed sorel --v 5.1 --s 500

6. 三角形块面风格效果

aerial view, in the style of cubist multifaceted angles, dark green and blue, many detail, a pirate stands on a very high hill, looking down at the whole city --ar 9:16 --v 4

7. 剪影画效果

aerial view, line draw, in style of silhouette, many detail, a pirate stands on a very high hill, looking down at the whole city --ar 9:16 --v 4

8. 装饰彩条拼贴插画效果

dancer, abstract, op art fashion, multiple layers of meaning, paisley and ikat, origamic tessellation, vibrant brush strokes, intricate patterns, thought-provoking visuals --s 500 --v 5.1

9. 彩色玻璃风格效果

aerial view, vibrant stained glass, in style of john william waterhouse, many detail, a pirate stands on a very high hill, looking down at the whole city --ar 9:16 --v 4

10. 霓虹风格效果

aerial view, light painting neon glowing style, many detail, a pirate stands on a very high hill, looking down at the whole city --ar 9:16 --v 4

11. 厚涂笔触风格插画效果

fusion between sgraffito and thick impasto, stunning surreal sun flower art --s 500 --v 5.1

12. “找找看”风格插画效果

generate a 'where's waldo?' style illustration. the scene should be set in village with an abundance of characters and objects. . --v 5 --ar 3:2 --s 750

13.20 世纪 50 年代插画效果

vintage 50's advertising illustration of futuristic trip journey on a surreal alien planet, alien ruins jungle, robots, gorgeous women, --ar 9:16 --v 5.2

vintage 50's advertising illustration of futuristic music studio interior, surreal instruments with keyboards, surreal beat machines, robots, gorgeous women, --ar 9:16 --v 5.2

14. 反白轮廓插画效果

white silouette, illustrator, middle ages elf warrior, full portrait, pure black background --ar 9:16 --v 4

15. 点彩画效果

aerial view, pointillism, in style of georges seurat, many detail, a pirate stands on a very high hill, looking down at the whole city --ar 9:16 --v 4

16. 极简平面插画效果

aerial view, a pirate stands on a very high hill, looking down at the whole city, line art 2d illustration style, orGANic shapes, minimalist --s 750 --v 4

17. 像素化效果

aerial view, 8bit, a pirate stands on a very high hill, looking down at the whole city --ar 9:16 --v 4

18. 构成主义风格效果

aerial view, constructivism, in style of piet mondrian, many detail, a pirate stands on a very high hill, looking down at the whole city --ar 9:16 --v 4

19. 模拟儿童绘画插画效果

a low quality child's red ink ball-point pen drawing of school in the style of primitive linear drawing by a 4 year old kid, simple irregular lines, mistakes --v 5.2

20. 细腻植物插画效果

peach tree branch, botanical illustration, white background, style of margaret mee --ar 16:9 --q 4

21. 晕染插画效果

aerial view, a pirate stands on a very high hill, looking down at the whole city, watercolor painting, impressionist style, rich and muted tones, diffused lighting, atmospheric and expressive, wet-on-wet technique --s 550 --v 5. 0

22. 一笔画极简风格插画

one line art style, woman face illustration with flowers --s 750

23. 霓虹平面几何插画效果

aerial view, a pirate stands on a very high hill, looking down at the whole city, by kazumasa nagai, electric neon colors in a dazzling mood, in the style of camille walala --s 750 --v 5.1

24. 滴溅效果风格插画

chinese dragon shaped rainbow splash vector art illustration --s 750

25. 抽象插画效果

abstract pattern in black on white background with shapes, lines and dots, in the style of jack hughes, free brushwork, rounded forms, expressive characters, mike winkelmann, illustration, goro fujita --ar 2:3 --v 5.2

simple clear distinct styled seamless pattern with tribal elements, in the style of subtle, earth tones, igbo (ibo) art, quirky shapes, mustard tones, hand-drawn elements--tile --s 250 --v 5.2 --c 10

abstract circles, rectangles, overlapping, intersecting, black and white, bauhaus, minimalist, poster --ar 2:3 --s 750

line art 2d illustration in the style of google illustration, wavy flowing lines, orGANic shapes, spheres, dots, splatter, minimalist --ar 2:3 --s 750

26. 涂鸦艺术风格插画

dancer by keith haring. flat graphic, white background. --s 750 --v 5.1

27. 梵高笔触效果风格插画

in the style of van gogh's starry sky, a treehouse in valley, --s 750 --v 5.1 --s 750

28. 黑白线条插画效果

<https://s. Midjourney. run/xjy8losk1ny>
parallel vector line art creating a face, modern contrast line illustration white background --ar 2:3 --s 750

parallel vector line art creating a fashion woman face, modern contrast line illustration white background --ar 2:3 --s 750 --v 5.1

modern iconic logo of parrot black vector with white background --s 750 --v 5.1 --style raw

modern iconic logo of jeep black vector with white background   --v 5.1 --s 750 --style raw

29. 旋转线条拼贴感插画效果

a woman engulfed in a swirling vortex, surrounded by abstract patterns and shapes. reminiscent of the cubist art movement, by wassily kandinsk --ar 2:3 --v 5.1 --s 750

a long chinese dragon engulfed in a swirling vortex, surrounded by abstract patterns and shapes. reminiscent of the cubist art movement, by wassily kandinsk --ar 2:3 --v 5.1 --s 750

30. 简洁平面化矢量插画效果

a business illustration of deal concept, blue color, by freepik, vector art, white background, financial success, upward trend, profit, economy, clean lines, dynamic, infographics, --v 5 --s 600 --ar 3:2 --no text --v 5

a illustration of teacher concept, blue color, by freepik, vector art, white background, teacher and students, clean lines, dynamic, infographics, --v 5 --s 600 --ar 3:2

31. 优雅抽象线条插画效果

the drawing of flower dancer, art in the style of graceful balance, retro color on a white background made with sleek lines, surprisingly absurd, curves, picasso style, minimalistic, award-winning --s 1000 --v 5 --ar 2:3

the drawing of hawaii, art in the style of graceful balance, retro color on a white background made with sleek lines, surprisingly absurd, curves, picasso style, minimalistic, award-winning, vector --s 1000 --v 5 --ar 2:3

32. 热烈多彩剪影风格插画效果

stunning photo of woman, abstract surreal colorful silhouette art by hundertwasser --ar 2:3 --v 5.1 --v 5

stunning photo of dancer, abstract surreal colorful silhouette art by hundertwasser --ar 2:3 --v 5.1 --v 5

33. 炫光流彩风格插画效果

dancer with long hair dressed long dress, gossamer fabric twisting, in energy galaxy of glowing light, colorful, high energy, dynamic composition and dramatic lighting, waves of colorful energy, --v 5.1 --ar 2:3 --s 750

kungfu fighting, gossamer fabric twisting, in energy galaxy of glowing light, colorful, high energy, dynamic composition and dramatic lighting, waves of colorful energy --v 5.1 --ar 2:3 --s 750

34. 动物拟人风格插画效果

a small dog as a doctor. anthropomorphic, photorealistic --ar 2:3 --s 600 --v 5.1 --v 5

a small cat as a fireman. anthropomorphic, photorealistic --ar 2:3 --s 600 --v 5.1 --v 5

35. 阿兹特克风格插画效果

aztec pattern colorful vector art illustration, pretty portrait --v 5.1

aztec pattern colorful vector art illustration, chinese dragon --v 5.1

geometric mayan pattern with a structure, in the style of mechanical realism, graffiti style, gigantic scale, meticulous inking, aztec art, expressive mayan character design, gray --ar 13:16 --v 5.2

stylized geometric ad space alien theme character illustration, in the style of precise, detailed architecture paintings, black and white realism, david choe, grandiose ruins, aztec art, focus on joints/connections, voluminous forms --ar 13:16 --v 5.2

coloring page, alien sci-fi city, graffiti style, thick line, aztec art --v 5.2 --s 750

mexican aztec queen, tarot card pattern orange black purple, high detail --v 5.1 --s 800

第 7 章

用 Midjourney 生成照片效果和纯色背景素材等

7.1 利用Midjourney生成实拍效果图像

使用 Midjourney 可以生成各种风格和主题的高质量照片效果素材，包括自然人像、风光、动物、建筑、艺术品、家居、服装等，这些素材图像可以广泛应用于广告设计、产品设计、网站设计、室内设计等领域，这不仅大幅提高了素材采集效率，而且没有版权问题并可以降低拍摄成本。

创作这些素材图像时，要注意使用 5.1 或 5.2 模型版本，并灵活运用本书前文讲述的控制画面视角、景别、颜色等属性的技巧。

pink camellia bush, iconic fashion elite, high fashion ethnic textiles, long bulky dress, outdoor boreal forest, chinese girl, long hair, dance pose, detailed hair and figure, depth of field, realistic, vogue magazine cover photo style --ar 3:2 --v 5.2 --s 750

extreme close - up. striking eyes. pouty lips. face of beautiful woman. interplay of light and shadow. dramatic composition. --ar 2:3 --q 2 --style raw --v 5.1 --ar 16:9

a girl in a long dress stands on the beach at sunset, her long hair sways in the wind, her silhouette appears particularly beautiful. she looks up at the sky, water shimmering golden in the reflection of the sunset. panorama view --ar 3:2 --s 800 --v 5.1

dark photo, wonderful natural light, nature, scandinavian fjords, sweden, norway, black and white, ultra minimalist, nonfigurtaive, only nature, award winning photograph by sven nykvist, poetic, photorealistic, very sharp, ultra detailed, wide shot, cinematic, depth of field black background, wide angle, full body, photorealistic, shot by canon eos r, panorama view --ar 16:9 --v 5.1 --s 800 --c 10

amazing astrophotography of the aurora borealis, and many shades of green on dark skies, photo, super wide angle --ar 20:8 --v 5.1 --q 2 --s 750 --v 5.1 --s 750

nordic ocean, large icebergs, almost pink highligts, ultra minimalist, nonfigurtaive, by sven nykvist, wide shot, --ar 3:2 --v 5 --v 5

nordic ocean, large icebergs, almost pink highligts, ultra minimalist, nonfigurtaive, by sven nykvist, wide shot, --ar 3:2 --v 5 --v 5

white tableware, black background::steaming hot noodles::sizzling roasted chicken with oil, black background, wide angle, full body, photorealistic, shot by canon eos r, panorama view --ar 16:9 --v 5.1 --s 800 --c 10

a high quality photo of a decadent chocolate cake, with layers of moist cake and rich frosting, topped with fresh berries and served on a decorative plate in a fancy patisserie --s 750 --q 2 --v 5.1

u bein bridge and visitor, silhouette at sunset, in the style of minimalist background, --ar 3:2 --v 5.1 --v 5.1 --s 750

different flight birds, young mongolia hunters, in the style of realism, flash photography, caravaggism, 15th century, historically style, filmic, wide angle, vast grassland --ar 3:2 --v 5.2 --s 700

face painting, goa-insprired motifs, red and gold and black and light blue and silver and light gold, close up, realistic detail, personal iconography, carnivalcore, optical illusions paintings --ar 2:3 --v 5.1 --s 750

a ferocious tiger jumping to prey, with shiny hair and clear markings, woods, volumetric light, panoramic view, --v 5.2 --s 500 --ar 2:3

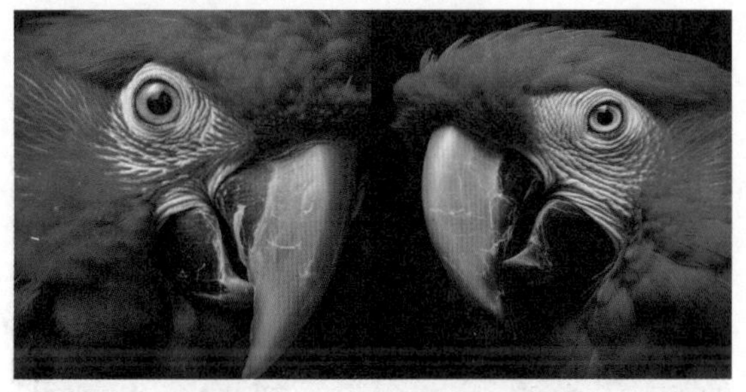

close-up portrait of a parrot, captured in high-resolution, entirely in shades of red, highlighting the intricate details, features, and emotions of the creature.a perfect blend of realism and artistry. --ar 4:5 --v 5.2

a macro photograph of a dahlia flower, colors are vibrant blue and black. a blue butterfly has landed on it. detailed. realistic. --v 5.2

close-up of cut different fruits fills the entire space, still life photography --ar 3:2 --v 5

branch fresh orange tree fruits green leaves with wager drops --ar 3:2 --s 250 --v 5.2

7.2 利用Midjourney生成纯色背景素材照片

在制作各类电商主图及宣传海报时，经常需要使用纯色背景的素材照片。采用常规的方法，需要先实拍，再使用 Photoshop 等软件抠图，将抠出的图像放置在纯色背景上。但使用 Midjourney 则可以轻松得到高质量纯色背景的素材图像。创作时，只需添加 white background、black background、gray background 等用于将背景指定为白色、黑色或灰色的关键词即可。当然，根据需要还可以在 background 关键词的前面添加其他颜色的单词，用于指定背景的颜色。

three fresh tomatoes isolated on white background. sparkling water droplets reflect light, light reflection, --ar 16:9 --s 800 --v 5

carrots, portrait, isolated on white background, magazine photography

sliced whole grain bread. on white background --v 5.1

splashing aquarell, fruit, chili and pepperoni, fresh, black background, wide angle, photorealistic, panorama view --ar 16:9 --v 5.1 --s 800

a ferocious tiger jumping to prey, with shiny hair and clear markings, light gray background --v 5.2 --s 200 --ar 2:3 --style raw

a computer chair with cutting-edge and fashionable design and light, blue background. --v 5.2 --s 200 --ar 2:3 --style raw

7.3 利用Midjourney生成样机展示照片

样机就是设计作品的虚拟承载体，即将设计作品应用到一个实物效果图中进行展示，让作品看起来更加形象、逼真。主要应用于 UI 界面展示、手机 App 界面、电子设备、包装设计、服装设计、平面设计等场景展示。使用 mockup image 关键词可以轻松生成样机图像，而不必进行实拍。

mockup image, blurred beautiful woman pointing finger at a mobile phone with blank white screen --ar 3:2 --v 5

mockup image, a computer with blank white screen on table, minimalist decoration style studio --ar 3:2 --v 5

mockup image, a computer with blank white screen on table, european minimalist decoration style studio, magazine photography style --ar 3:2 --v 5

mockup of a two white poster on the wall, interior, blank poster, frame, bright lighting, daytime --s 800 --ar 3:2 --v 5.1 --s 750

7.4 利用Midjourney生成创意图像

创意图像的应用范围很广泛，但制作难度也非常高，通常需要先实拍照片素材，再由精通后期处理软件的人员使用合成、拼接、融合等手段制作。

而使用 Midjourney 则可以凭借天马行空的想象，轻松制作出可以应用到广告创意、时尚设计、电影特效制作等领域的各类创意图像。但要得到这样的图像，需要用户不断尝试改变提示语的表述方法，以便于 Midjourney 能“理解”与众不同的提示语。

https://s. mj. run/63g0znpigcg young beautiful woman head and face made of vegetables, photography, vegetables background art by giuseppe arcimboldo --ar 3:2 --v 5

broccoli as bomb explosion, crack --ar 3:2 --s 800 --q 2 --v 4

young beautiful woman head made of vegetables, nose from vegetables, eyes from vegetables, photography, vegetables background art by giuseppe arcimboldo --ar 3:2 --s 800 --v 5

fruit and vegetables in heart shape. food, fresh, vegetable, orGANic, white background, meal, avocado, nourishment, green, salad, dinner, lunch, ingredient --s 750 --v 5.1

close up of an eastern chipmunk, tamias striatus, in a cozy mossy garden preparing for a tea party, intricate, exquisite tea set, dainty cutlery, ornate victorian gentleman's clothing, blue waistcoat, tea and cakes, --ar 3:2 --v 5.2 --s 500

a portrait of a customer service agent with an angry face while shouting down . with all detailed texture of their skin --ar 3:2 --v 5.2 --s 750

a portrait of yong man riding on the back of a hippo in a lake with all detailed texture of their skin, making the image appear more realistic --ar 3:2 --v 5.2 --s 750

an abandoned gym . faint traces of human presence, like discarded items or old graffiti, the contrast between decay and the relentless march of time. --ar 3:2 --v 5.2 --s 900

two fighters, businessman versus woman, action photography, punching and kicking and swearing, fighting in a luxury hotel suite, photo by canon eos r5 --ar 3:2 --q 4 --v 5

7.5 利用Midjourney模拟旧照片

在此所提到的旧照片有两重含义，第一是指照片本身的图像模拟的是旧时代的影像，第二是指照片本身看上去比较老旧。

要创作第一种旧照片效果，撰写提示语时需要使用类似 in the 1980s 之类的关键词；要创作第二种旧照片，可以使用有褐色、泛黄等含义的关键词。

a pair of young chinese lovers with an excited expression, wearing jackets and jeans, sitting on the roof, the background is beijing in the 1980s, and the opposite building can be seen, summer --s 750 --ar 3:2 --v 5

albert einstein squatting on the streets of china and setting up a street stall, defocus, magnum photo style, realistic --ar 3:2 --s 750 --v 5

a high-resolution, black and white photograph of a couple inspired by the film noir style. key characteristics of film noir such as high-contrast lighting, dramatic shadows, and a moody atmosphere should be evident. --v 5

simulate an old film photo. the photo shows the old beijing city. there are many cracks on the surface of the photo, the edges are yellowed, and the effect is faded. --ar 3:2 --v 5.1 --s 500

7.6 利用Midjourney生成幻想类照片

幻想类照片的图像内容通常为奇幻仙境、科幻、外星世界、超现实梦幻画面，这样的图像可以用于宣传游戏、电影以及多媒体类艺术作品。在创作这样的图像时，要注意使用有光、能量、超现实、混沌、外星、高科技、赛博朋克含义的关键词。

big eyes girl, water bending shot water tribe influence full body, epic, dynamic pose, action movie capture, temple. fantasy, movie lighting effects, photorealistic, wide angle --ar 2:3 --v 5.1 --s 800

big eyes girl, epic fire bending shot fire tribe influence full body, epic, dynamic pose, action movie capture, temple. fantasy, movie lighting effects, photorealistic, wide angle --ar 2:3 --v 5.1 --s 800

super handsome chinese general in gold armor beard and big eyes, general of the three kingdoms, wide angle, war background, fire and smoke, hyperreal, hyperdetailed, back lighting, full portrait --ar 2:3 --no helmet --v 5.1 --s 750

big eyes girl, electricity bending shot, electricity tribe influence, full body, epic, dynamic pose, action movie capture, temple. fantasy, movie lighting effects, photorealistic, wide angle --ar 2:3 --v 5.1 --s 800

a stunningly beautiful girl stands in a mystical cyberdelic dreamland by brandon woelfel and liam wong, ultra-sharp intricate details, bokeh --v 5.1 --ar 2:3

an astronaut is sitting on a cliff, looking at a city, in the style of sci-fi realism, muted color palette, photorealistic photo, film sence, epic --ar 2:3 --v 5.2 --s 800

cinematic still, runepunk the movie, federico fellini, giger, fincher, roger deakins, cinematic raking light, fantasy realism, volumetric particles in crepuscular rays, in energy galaxy of glowing light, colorful, high energy, dynamic composition and dramatic lighting, waves of colorful lighting energy, photo, realistic --ar 2:3 --v 5.2 --s 800

concept art illustration of an ophidian star trek crew member, hyper-realistic --ar 2:3 --c 15 --s 200

tomb raider, machu picchu special edition, gameplay footage, jumping action shot --ar 2:3 --c 15 --s 222

7.7 打造个人优质素材库

一个人独立打造一个图片素材库，怎么看都好像不太可行。这件事在以前的确不可行，不过如果能够灵活运用 Midjourney，则可以将不可能变成为可能。具体的操作步骤如下。

01 在图库网站上截图保存合适的图片，在此使用的是雪地上有一棵树的图像。

02 输入分析命令/describe，并将此图片上传到Midjourney中。

03 按Enter键后，Midjourney会自动分析图像并给出4句不同的提示语。

04 从这些提示语中找到合适的一句，然后单击03步显示的图像，复制图像地址。

05 输入/imagine命令，粘贴上一步得到的地址，并输入上一步选择的合适的提示语，则可以得到类似参考素材的图像，如果再单击“生成”按钮，则可以得到更多组图像。

随着AIGC技术的发展，已经有图片库开始使用由AI生成的图片，虽然目前数量仍不大，但随着AI出图的效率、质量进一步提升，相信过不了太长时间，AI类图片就能逐渐取代传统图片。

了解这个趋势后就应该明白，在掌握上述操作技术后，完全可以敲开以往可能高不可攀的商业图库大门，成为一名图片供稿人员。

虽然，由于市场饱和，当前图片销售已经不比从前，但如果将此作为一个副业，还是能够从中获得一定收益的。

第8章

用 Midjourney 创意设计桌椅、沙发、灯具等

8.1 使用Midjourney创意设计的5种方法

8.1.1 表述发散法

这种方法是指只使用令人惊讶、令人着迷、未来感、奢华感等形容词为关键词，由 Midjourney 随机发散思维进行创作。

这样做的好处是借助 Midjourney 强大的性能，可以创作出成百上千种效果不同的图案，劣势是图案效果无法复现，即使用同样的提示语也无法创作出相同的设计图案。

8.1.2 属性定制法

这种方法是指通过在提示语中指定属性、材质、造型来定制设计方案。这种方法的优点是可以具象化设计师心中的方案，并利用 Midjourney 的创作功能为其他没有定制的属性带来随机性。

8.1.3 设计师及设计风格借鉴法

这种方法是指在提示语中添加知名的设计师名或设计风格名，如著名建筑师扎哈·哈迪德（Zaha Hadid）的设计充满了流动性、曲线和非传统的几何形状，她的作品经常被认为是现代主义和后现代主义的代表，在提示语中添加 in style of zaha hadid 后，即可让自己的设计方案也有典型的扎哈·哈迪德风格。

又如，挪威的家具设计师和制造商，以其创新性、高品质和独特的风格而著称，他们的作品在世界各地的展览和博物馆中受到广泛展示，被认为是世界家具设计领域的重要组成部分，如果希望在自己的方案中添加挪威设计元素，可以在提示语中添加 in style of norwegian。

除此之外，还可以添加不同的国家、民族、文化类型，甚至是其他产品的关键词，使 Midjourney 发散创作出极具特色的设计方案。例如，在设计沙发时，可以添加关于耳环的关键词，使 Midjourney 跨产品类型进行风格借鉴。

8.1.4 参考法

这种方法是指先找到要借鉴参考的方案，再将此方案上传至 Midjourney 中，通过使用本书前文讲述的“以图生图的方式创作新图像”及“用 blend 命令混合图像”的方法，让 Midjourney 通过参考借鉴这些图片中的方案来创作新的设计方案。

8.1.5 融合法

顾名思义，在创作时可以综合使用以上 4 种方法，来撰写更加复杂的提示语。但需要注意的是，目前，Midjourney 的理解能力有限，过于复杂的提示语会导致 Midjourney 顾此失彼，但这种方法仍然不失为一种值得尝试的方法。

8.2 置物架设计

如果需要多种置物架设计的灵感，可以使用 a mesmerizing wall shelving（令人着迷的墙架）这样比较抽象的提示语，下面是多次使用此提示语得到的设计方案，可以看出效果各异且均有参考意义。

```
a mesmerizing wall shelving --chaos 50 --ar 16:9 --s 1000 --v 5.2 --style raw
```

当然，在创作时，也可以添加关于置物架材质、形状与风格的描述，例如，在下面的提示语中添加了金属、矩形、蒙得里安风格等关键词。

```
a shining metal wall shelving, gold, rectangle, mondrian style --chaos 5 --ar 16:9 --s 500
--v 5.2
```

8.3 椅子设计

下面的椅子设计使用了属性定制法、设计师及设计风格借鉴法。

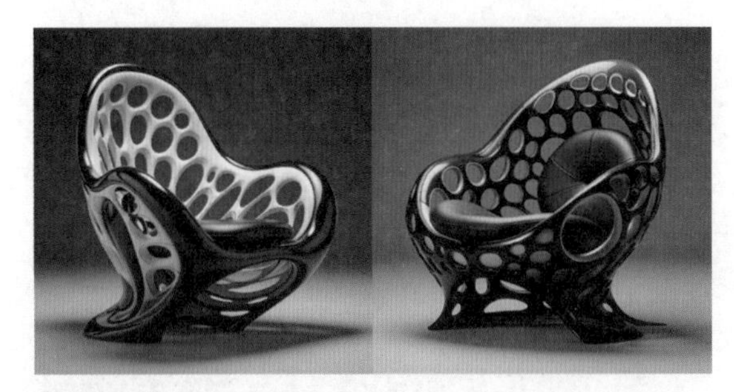

armchair, intricate black orGANic shape, openworked, mesh structure, surface decorated with white arcs --v 5.2 --s 750

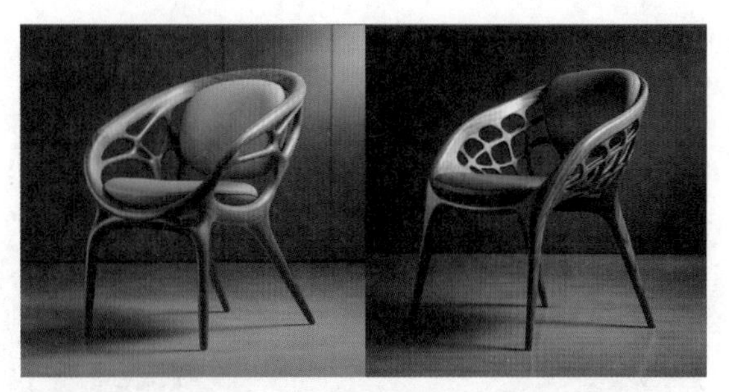

the dining chair is innovative in style, norwegian minimalist style, made of wood. side view, light gray background --s 650 --v 5.2

futuristic gaming chair with led and computer screen --ar 3:2 --s 250 --v 5.2

armchair design, a traditional - style chinese, rosewood and leather, rich in cultural and historical significance, minimalist style --ar 3:2 --s 650 --v 5.2

chair all made by one piece of curved suface, one or two hollowed part on the chair, simple but innovative shape, super clear, studio lighting, 16k, white background

an armchair in the style of jelly, made of jelly, pink color --s 250

8.4 沙发设计

下面的沙发设计使用了属性定制法和融合法。

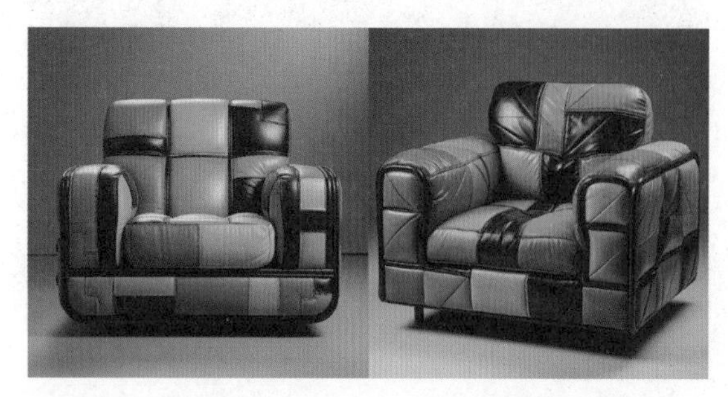

the sofa chair is painted in bold primary colors, with a square geometric pattern, leather, fine texture, and avant-garde shape --v 5.2 --s 750

design a budget-friendly shoe store blue round sofa in the center and square mirror --v 5.2 --s 750

a round sofa inspired by the wireframe sofa by industrial facility for herman miller, more geometric form. the thick cushions should all be blocky --ar 3:2 --s 200 --v 5.2

sofa design, the luxurious throne in the game, abstract wings on both sides, gold and leather, purple diamond, blue auxiliary color --ar 3:2 --s 650 --v 5.2

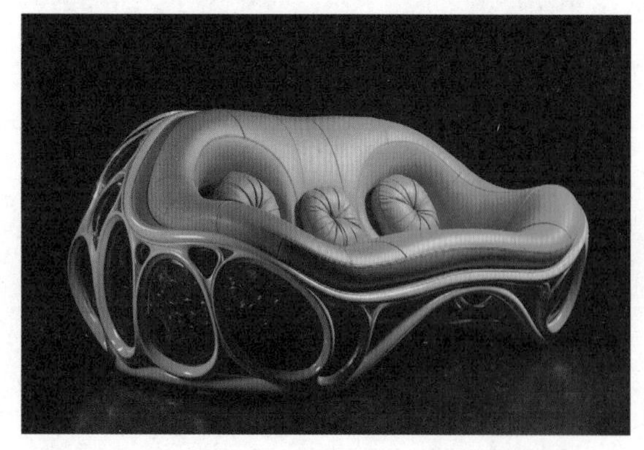

fashion sofa design, soft sponges shape, smooth surface, with small holes of different sizes, wavy fiber, gold and leather --s 950 --v 5.2 --ar 3:2

sofa design, a traditional - style chinese, rosewood and leather, rich in cultural and historical significance --ar 3:2 --s 650 --v 5.2

8.5 茶几设计

下面的茶几设计使用了表述发散法、属性定制法和融合法。

living room table design, a traditional -style chinese desk, rich in cultural and historical significance --ar 3:2 --s 650 --v 5.2

coffee table design, flat abstract art, fluid geometric forms, tabletop made of glass, circle legs made of gold --ar 3:2 --s 650 --v 5.2

living room table design, white marble, wood, legs stanlsteel, swirly decorative moldings --chaos 5 --ar 16:9 --s 500 --v 5.2 --style raw

a surprising new avant-garde coffee table, designed with a mix of glass, metal, wood, plastic, lamps and fabrics --v 5.2 --s 750 --ar 3:2 --style raw

coffee table design, concept from collector's grade cloisonné art plate, four symmetrical arc-shaped cylindrical long legs --v 5.2 --s 750 --ar 3:2

8.6 灯具设计

下面的灯具设计使用了表述发散法、属性定制法、融合法、设计师及设计风格借鉴法。

fashion desk lamp design, glass material, black and gray glass, transparent, round lampshade, pyramid shaped lampshade --v 5.2 --s 750 --ar 3:2 --style raw

stylish table lamp design in mushroom shape, wood material, black and gray lampshade, there are many regular holes on the lampshade --v 5.2 --s 750 --ar 3:2 --style raw

stylish table lamp inspired by modern earrings, exquisite and gorgeous details, elegant and smooth shape --v 5.1 --s 750 --ar 3:2

a lamp with a wavy shape on top of a white table, elegant and feminine gesture in the style of wood sculptures, captivating lighting, --v 5.2 --s 750 --ar 3:2

a designer bedside lamp in bauhaus style, placed on a desk, creates warm and cozy indoor lighting with depth of field and blurred background against a modern and minimalist backdrop, 8k --q 2

8.7　花瓶与花架设计

下面的花瓶与花架设计使用了属性定制法、融合法、设计师及设计风格借鉴法。

design a flower stand made of wood, inspired by the incense burner ding, combined with the function of the flower stand.

wooden vases with green plant, rosenthal style, translucent planes, arched doorways, hard-edge style, light black and brown --v 5.2 --s 750 --ar 3:2

a pair of vases that sit on a concrete floor, in the style of dark gray and light beige, bold curves, still lifes, matte photo, aztec textured on vases --v 5.2 --s 750 --ar 3:2 --style raw

two colorful glass vases, in the style of light pink and light gray, playful lines, gothic, sabattier, there are regular grooves on the bottle --v 5.2 --s 750 --ar 3:2 --style raw

bell-shaped vase made of metal lines and glass lines, chinese classical continuous pattern on vase surface, vase made of clay material --v 5.2 --s 750 --ar 3:2 --style raw

8.8 客厅设计

下面的客厅设计使用了表述发散法、属性定制法、设计师及设计风格借鉴法。

living room ultra modern design with yellow and blue color scheme, a modern interior gray walls concrete luxurious penthouse, architectural, wood design furniture --ar 16:9 --q 2 --s 500 --v 5

living room, designer edgy brooklyn apartment, muted, modernist furniture, moldings around door and windings and celling edges --ar 16:9 --q 2 --s 500 --v 5

new modern chinese room, natural light wooden elements neutral tones, plants, local handicrafts warm textures textured rugs, elegant chinese lamp --ar 16:9 --s 500 --v 5.2

modern interior, in style of philippe starck --s 750

living room, makes you feel very comfortable --s 650 --v 5.2

8.9 卧室设计

下面的卧室设计使用了表述发散法、属性定制法、设计师及设计风格借鉴法。

interior design for a modern stylish bedroom, leaf design on bedding, lime green and bright green design

luxury girl bedroom design with trendy colors and lights --v 5.2 --s 750

25 years old girl small bedroom design high quality render from all walls, modern --v 5.2 --s 750

luxury small bedroom design in style of thomas heatherwick, long mirror, colors green and beige --v 5.2 --s 750

neoclassical bedroom, black brutal aesthetics interior for men, with classic art, white peony flowers, a lot of books, rich classical interior

bedroom, modern light luxury, soft and warm, floral pattern collage wallpaper --ar 3:2 --c 19 --s 532 --v 5.2

bedroom, modern cozy, in the style of hello kitty, realistic photograph --ar 3:2 --c 19 --s 532 --v 5.2

8.10 浴室设计

下面的浴室设计使用了表述发散法、属性定制法、设计师及设计风格借鉴法。

modern bathroom, lights track, in the style of jeppe hein, curved mirrors, neo-concrete, light black, by hans hinterreiter, by tondo, by kitty lange kielland --ar 3:2 --s 450 --v 5.2

a typical spanish luxurious cabin bathroom designed by josep puig i cadafalch constructed and white and gold aesthetic, --ar 3:2 --s 450 --v 5.2

modern bathroom design with luxury materials, in the style of dramatic diagonals, moody lighting, romanticized nature, backlight, luxurious wall hangings --ar 3:2 --s 450 --v 5.2

the bathroom has green patterns ceramic tile, high-tech mirror with lighting --ar 3:2 --s 450 --v 5.2

luxury small bathroom in master room --v 5.2 --s 750

zaha hadid style small bathroom with white marble --v 5.2 --s 750

8.11 办公室设计

下面的办公室设计使用了属性定制法、设计师及设计风格借鉴法。

big office with norwegian furniture made modern, ultra high end quality, wood tone, warm, high glass lamps --ar 3:2 --c 19 --s 532 --v 5.2

a fashion office with glass doors, modern, round, circle, red fashion lamps --ar 3:2 --c 1 --s 532 --v 5.2

computer lab, sophisticated, 22 century, white and gray interior, industrial finished ceiling, tables, chairs, white board, epoxy floor, white and black color signage wall --ar 3:2 --c 15 --s 532 --v 5.2

office, big wood boss desktop, luxurious, maximalism, gold ornaments, decorative paintings with square frames on the wall --ar 3:2 --c 1 --s 532 --v 5.2

office, cutting edge, pure, fashion, blue and light gray interior, mininalist --ar 3:2 --c 15 --s 532 --v 5.2

technology company office, with leisure area and office area, white main color, apple computer, technology-sense computer chair --ar 3:2 --c 19 --s 532 --v 5.2

第 9 章

用 Midjourney 创意设计箱包、鞋袜、领带等

9.1 箱包、鞋、服装、袜子的类型与材质关键词

9.1.1 包的类型与材质

包的类型关键词包括 backpack（背包）、envelope bag（信封包）、shoulder bag（单肩包）、wallet（钱包）、courier bag（邮差包）、money clip（皮夹）、handbag（手提包）、travel bag（旅行包）、laptop bag （电脑包）、satchel bag（邮差包）、waist bag （腰包）、chest bag（胸包）、golf bag（高尔夫袋）、crossbody bag（斜挎包）、canvas bag（帆布袋）、box bag（箱包）、hobo bag（挎包）、cardholder（卡包）、backpack（书包）、travel bag（旅行袋）、briefcase（公文包）、business bag（商务包）、document bag（文件包）等。

包的材质关键词包括 leather（皮革）、canvas（帆布）、nylon（尼龙）、silk（丝绸）、wool（毛织物）、plastic（塑料）、polyester fiber（聚酯纤维）、synthetic leather（人造皮革）、straw（草编）、metal（金属）、wood（木材）、plastic bag（塑料袋）、paper（纸质）、fabric（织物）、suede（绒面）、velvet（天鹅绒）、rubberized fabric（胶布）、linen（亚麻）、cotton（棉质）、lace（蕾丝）等。

9.1.2 旅行箱的类型

旅行箱的类型关键词包括 suitcase（行李箱）、rolling luggage（轮箱）、carry-on luggage（手提箱）、cabin luggage（登机箱）、hardshell luggage（硬壳箱）、softshell luggage（软壳箱）、shoe bag（鞋袋）、wheeled duffel bag（滚轮包）、travel backpack（旅行背包）、canvas duffel bag（帆布袋）、golf travel bag（高尔夫旅行袋）、travel bag（旅行包）、garment bag（钱包箱）、shoulder bag（肩背包）、packing cubes（收纳袋）、foldable bag（折叠袋）、ski bag（滑雪袋）、fishing bag（钓鱼袋）、skateboard bag（滑板袋）、tote bag（手提袋）等。

9.1.3 运动鞋类型与材质

运动鞋类型关键词包括 athletic shoes（运动鞋）、running shoes（跑步鞋）、basketball shoes（篮球鞋）、soccer cleats / football boots（足球鞋）、tennis shoes（网球鞋）、hiking shoes / hiking boots（登山鞋）、track and field shoes（田径鞋）、golf shoes（高尔夫鞋）、mountaineering boots（登山靴）、boxing shoes（拳击鞋）、rugby boots（橄榄球鞋）等。

运动鞋材质关键词包括 leather（皮革）、synthetic leather（合成皮革）、mesh（网布）、

polyester（涤纶）、nylon（尼龙）、fabric（织物）、suede（绒面）、rubber（橡胶）、ethylene vinyl acetate（乙烯醋酸乙烯）、spandex / lycra（氨纶）、suede（皮料）、pu leather（PU 皮革）、microfiber（微纤维）、high-performance mesh（高弹性网布）等。

9.1.4　T恤、Polo衫类型与材质

T 恤、Polo 衫类型关键词包括 crewneck short sleeve t-shirt（圆领短袖 T 恤）、v-neck short sleeve t-shirt（V 领短袖 T 恤）、crewneck long sleeve t-shirt（圆领长袖 T 恤）、sleeveless t-shirt（无袖 T 恤）、printed t-shirt（印花 T 恤）、slim fit t-shirt（修身 T 恤）、oversized long sleeve t-shirt（长袖宽松 T 恤）、short sleeve polo shirt（短袖 Polo 衫）、long sleeve polo shirt（长袖 Polo 衫）、flat collar polo shirt（平折领 Polo 衫）、stand-up collar polo shirt（立领 Polo 衫）、printed polo shirt（印花 Polo 衫）、slim fit polo shirt（修身 Polo 衫）、classic polo shirt（经典 Polo 衫）、sports polo shirt（运动 Polo 衫）、golf polo shirt（高尔夫 Polo 衫）等。

T 恤、Polo 衫材质关键词包括 cotton（棉质）、cotton blend（棉混纺）、linen（亚麻）、linen-cotton blend（麻棉混纺）、linen-silk blend（麻丝混纺）、polyester（涤纶）、polyester-cotton blend（涤棉混纺）、soy fiber（大豆纤维）、orGANic cotton（有机棉）等。

9.1.5　帽子类型

帽子类型关键词包括 baseball cap（棒球帽）、beanie（无檐帽）、sun hat（防晒帽）、cowboy hat（牛仔帽）、beret（贝雷帽）、newsboy cap（报童帽）、flat cap（平顶帽）、visor（带檐帽）、trapper hat（猎人帽）、pillbox hat（胶囊礼帽）、cloche hat（小圆帽）等。

9.1.6　丝巾类型与材质

丝巾类型关键词包括square scarf（方巾）、long scarf（长巾）、silk scarf（丝巾）、shawl（披肩）、cape（披风）、neck scarf（围巾）、blanket scarf（披毯式围巾）、cravat（领巾）、handkerchief（面巾）等。

丝巾材质关键词包括 silk（丝绸）、wool（羊毛）、cotton（棉质）、polyester（涤纶）、soy fiber（大豆纤维）、linen（亚麻）、chiffon（薄纱）等。

9.1.7　袜子类型

袜子类型关键词包括 athletic socks（运动袜）、casual socks（休闲袜）、knee-high socks（长筒袜）、mid-calf socks（中筒袜）、crew socks（踝筒袜）、thigh-high socks（长袜）、short socks（短袜）、nylon stockings（丝袜）、no-show socks（隐形袜）、non-slip socks（防滑袜）、embroidered socks（刺绣袜）、fishnet stockings（鱼网袜）、boat socks（船袜）、cotton socks（棉袜）、polyester socks（涤纶袜）、wool socks（羊毛袜）、silk socks（丝绸袜）等。

9.2 男式包设计

下面的男包设计使用了属性定制法、融合法。

laptop bag for man, leather with sharp texture, no pattern, minimalist style, external pocket --ar 3:2 --v 5.1 --s 500

laptop bag for man, polyester fiber, no pattern, blakc and red, minimalist style --ar 3:2 --v 5.2 --s 500

crossbody bag for man made of canvas, black, dedicated external pocket for mobile phone --ar 3:2 --v 5.1 --s 500

small waist bag for man, tough guy temperament, gray and yellow, for sport --ar 3:2 --v 5. 0 --s 500

business bag for man, black and little red dot --ar 3:2 --v 5.1 --s 500

barrel shape canvas bag for man, there are simple abstract lines, brass parts --ar 3:2 --v 5.1 --s 500

9.3 女式包设计

下面的女包设计使用了属性定制法。

backpack design, product image, white background, women high-end multifunction soft pu leather handbag double layer large capacity backpack, floral pattern print, glod grommet, blue --s 800 --v 5.2

backpack design, product image, white background, women soft yellow casual canvas bucket handbag with metal grommet, fashion style --s 800 --v 5.2

women artificial leather elegant large capacity tote handbag with picasso-style decorative motifs, 3 exterior pockets --s 800 --v 5.2

square backpack with rounded corners design, product image, white background, silver backpack with gold nails, crocodile skin texture, women multi-functional mini backpack with 3 exterior pockets --s 800 --v 5

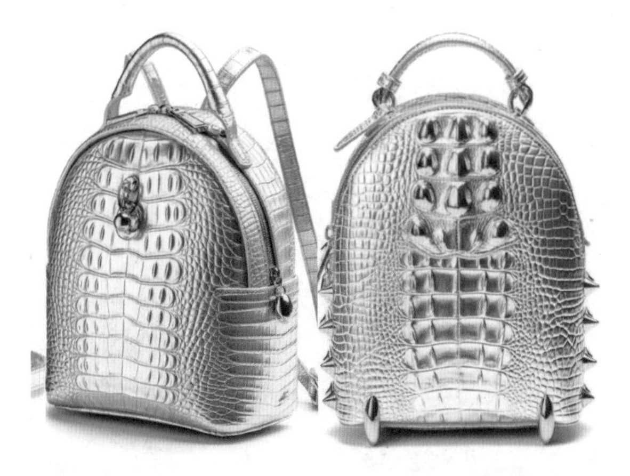

backpack design, product image, white background, silver crocodile skin texture backpack with gold nails, women multi-functional mini backpack, --ar 2:3 --s 800 --no exterior pockets --v 5

backpack design, a backpack with a face of a black cat on front, pink and red, women high-end multifunction soft pu leather handbag double layer large capacity backpack with shimmering pearls, --ar 2:3 --s 800 --v 5

9.4 旅行箱设计

下面的旅行箱设计使用了属性定制法。

hardside luggage, silver gray, with a raised trapezoid on the front, metal pull rods, spinner wheels, made of aluminum alloy --ar 2:3 --v 5.2 --s 750

the suitcase, minimalist style, black as the main color, is embellished with red flame patterns on both sides, with diamond-shaped grooves on the surface, decorated with a few golden rivets, and has obvious leather texture on the surface, hard shell luggage with spinner wheels, aluminum alloy handle --ar 2:3 --v 5.2 --s 750

softside expandable luggage with spinners, plum, layered design, copper zipper, multiple exterior pockets --v 5.2 --s 750

luggage sets 4-piece, pink color, aerospace-grade aluminum shell, cute bear pattern, metal pull rods, spinner wheel --v 5.1 --s 750

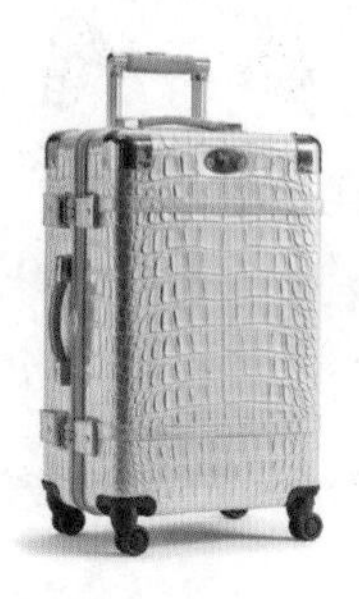

luggage design, white background, silver hardside with gold nails, crocodile skin texture, multi-functional with exterior pockets, metal pull rods, spinner wheels --s 800 --v 5. 0

luggage design, white background, irregular polyhedron structure shape, made of glossy composite, holographic projection, biometric handle, laser blue and silver --s 800 --v 5. 0

9.5　女式鞋子设计

下面的女鞋设计使用了表述发散法、属性定制法、融合法。

the most luxurious designer style leather skinny heel stilettos, diamonds, gold embellishment, fashionable, close up shot --ar 3:2 --v 5.2 --s 750

a pair of exquisite crystal stiletto heels, shimmering with eleGANce and sophistication, featuring transparent straps adorned with sparkling rhinestones --ar 3:2 --v 5.2 --s 750

silver wedding dress shoes, white background, pretty and shining

a leather gladiator woman sandals with cut out detailing and a cowboy heel, bold, with 6 leather straps but only 3 metal silver buckles, black lines, --v 5.2 --s 750

women's platform sandals wedge open toe ankle strap lace wedding shoes bridesmaid shoes, ribbon, lace, decorated with diamonds --ar 3:2 --v 5.2 --s 750

women's low heel flat lolita shoes, t-strap round toe ankle strap, with cute bear engraved texture pattern, yellow and black leather weave --ar 3:2 --v 5.2 --s 750

9.6 运动鞋设计

下面的运动鞋设计使用了表述发散法、属性定制法、融合法。

minimalist sports shoes design, product picture, white background, piet mondrian style, complex and exquisite shoe upper structure design --ar 3:2 --s 500 --v 5.2

sport shoes design, white background, the upper of the shoe is designed with a lightweight and breathable mesh, hole structure design style, blue and white color --ar 3:2 --s 900 --v 5.2

sports shoes design, sense of future technology, breathable lace pattern on the upper, and a white translucent plastic sole with shiny led lights, black and red, streamlined design. --ar 3:2 --s 600 --v 5.2

9.7 T恤、Polo衫设计

下面的 T 恤、Polo 衫设计使用了属性定制法。

v-neck short sleeve t-shirt for man, gradient color from top to bottom, regularly arranged dot pattern --s 800 --v 5.2 --ar 3:2

oversized long sleeve t-shirt for woman, small flower patter, minimalist style --s 800 --v 5.2 --ar 3:2

crewneck short sleeve t-shirt, with dark blue background, regularly arranged white vertical wavy pattern lines --s 800 --v 5.2 --ar 3:2

short sleeve polo shirt, dark blue, white, red --v 5.2 --s 750 --ar 3:2

stand-up collar polo shirt for man, three horizontal stripes, red, yellow and blue --s 800 --v 5.2 --ar 3:2

sports polo shirt for woman, diagonally lighting pattern --s 800 --v 5.2 --ar 3:2 --style raw

9.8 连帽衫、户外夹克、运动服设计

下面的连帽衫、户外夹克、运动服设计使用了属性定制法。

3d mocha unisex hoodie in 3d front position, features tribal repetitive patterns in cream. white isolated background --no human, text --ar 2:3 --v 5.2

3d purple men's hoodie in 3d front position, features a repeating diamond pattern in yellow. white isolated background --no human, text --ar 2:3 --v 5.2

storm jacket, product view, loose, a-line fit clothes, small pocket, splicing process, rock gray, dark brown and olive contrast --ar 2:3 --v 5.2 --no human --s 750

a softshell jacket for man, several pockets, product view, white background, loose, a-line fit, very diverse, dark brown and olive, small line pattern on bottom edge --ar 2:3 --s 500 --v 5.2

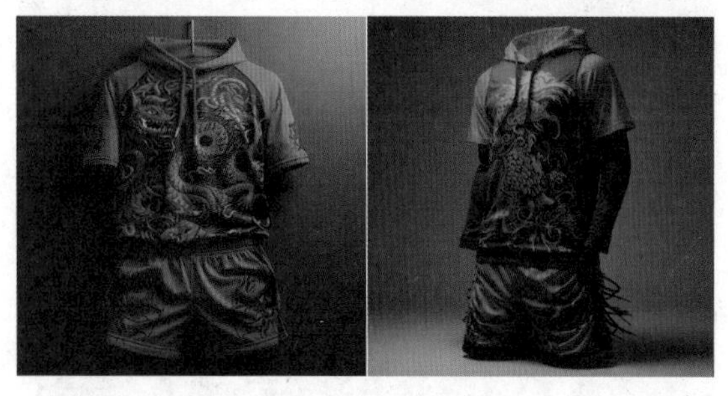

new set of red and black sport uniform, chinese dragon pattern print --s 800 --v 5.2

digital mockup of one mens jogging suit, light colorway fire egine red and white. regularly arranged white vertical wavy pattern lines on a dark blue background --s 800 --v 5.2

9.9 领带设计

下面的领带设计使用了风格借鉴法、属性定制法、融合法。

tie with gold background, diamond pattern --v 5.1 --s 750

tie with red background, blue and white stripes --v 5.1 --s 750

tie with a modern creative elegant pattern, primary palette, picasso inspired --v 5.1 --s 750

tie with a modern creative elegant pattern, inspired by new york --v 5.1 --s 750

tie with a modern creative elegant pattern, inspired by versace --v 5.1 --s 750

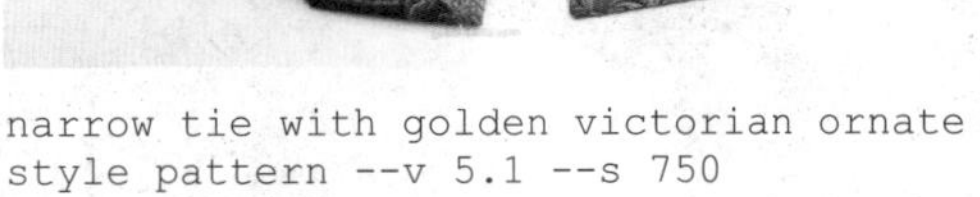

narrow tie with golden victorian ornate style pattern --v 5.1 --s 750

tie with a modern creative elegant pattern, white and navy palette, designed by pierre cardin --s 750 --v 5.2

tie with dark blue background, regularly arranged white vertical wavy pattern lines --v 5.1 --s 750

9.10 帽子设计

下面的帽子设计使用了表述发散法、属性定制法、融合法。

a baseball cap, made of textured cotton. it showcases a prominent zulu warrior emblem in the foreground, colored in burnt sienna and muted gold --v 5.1 --s 750

beanie cap, woolen, in a shade of earthy taupe. the front embossed with an ostrogothic crest in gold thread. background is a wooden table laden with ancient manuscripts. --s 750 --v 5. 0

a baseball cap in deep indigo blue, stitched with thin lines of silver and gold, creating a modern navajo-inspired geometric pattern. --s 750 --v 5.1

sun visor cap made from soft silk, displays an embroidered slavic design on its front. positioned on an antique wooden table with slavic carvings. --s 750 --v 5.1

baseball cap for girl, fashion and beautiful pattern --v 5.1 --s 750 --ar 3:2 --style raw

bucket hat with sunny beach pattern, colorful and lovely --s 750 --v 5.2 --ar 3:2

9.11　袜子与丝巾设计

下面的袜子与丝巾设计使用了发散法、风格借鉴法、属性定制法、融合法。

cotton socks with a modern creative elegant pattern, white and navy palette, designed by pierre cardin --s 800 --v 4 --ar 3:2

polyester socks with dark blue background, regularly arranged white vertical wavy pattern lines --s 800 --v 4 --ar 3:2

athletic socks with white background and creative elegant pattern, in style of picasso --s 800 --v 4 --ar 3:2

silk scarf with chinese patterns, vintage feel --s 800 --v 4 --ar 3:2

silk neck scarf with gold background, victorian style pattern, luxury feel --s 800 --v 5. 0 --ar 3:2

第 10 章

用 Midjourney 创意设计珠宝、文创、数码产品等

10.1 珠宝设计常用关键词

10.1.1 常见的珠宝类型提示关键词

常见的珠宝类型提示关键词包括 ring（戒指）、bracelet（手链）、necklace（项链）、earrings（耳环）、choker（颈链）、waist chain（腰链）、anklet（脚链）、ring set（戒指套装）、necklace set（项链套装）、personalized jewelry（个性化首饰）、stud earrings（珠宝耳钉）、drop earrings（耳坠）、bangle（手镯）、beaded necklace（护身符珠串）、earrings（耳环）、bracelet（手镯）、hairpin（把件）、pendant（佩饰）、hairpin with tassel（钗子）、pendant with tassel（坠子）、jade pendant（玉佩）、ring（戒指）、bangle（镯子）、bracelet（手链）、jewelry set（首饰套装）、finger ring（指环）、tassel pendant（璎络）、hair ornament with flowers（花翎）、bowknot ribbon（蝴蝶结）、hair clip（卡子）、earring drop（耳坠）、headband（头环）、waist pendant（腰坠）、wrist pendant（腕坠）、headwear（头饰）等。

10.1.2 常见的珠宝材质提示关键词

常见的珠宝材质提示关键词包括 gold（黄金）、platinum（白金）、silver（银）、diamond（钻石）、pearl（珍珠）、jade（翡翠）、ruby（红宝石）、sapphire（蓝宝石）、emerald（绿宝石）、agate（玛瑙）、crystal（水晶）、amber（琥珀）、lapis lazuli（玛雅石）、carnelian（红玛瑙）、turquoise（绿松石）、black pearl（黑珍珠）、coral（珊瑚）、glass（玻璃）、rose gold（玫瑰金）、sterling silver（白银）、black ceramic（黑陶瓷）、old mine jadeite（老坑翡翠）、moonstone（蛋白石）、garnet（石榴石）等。

10.1.3 知名珠宝品牌提示关键词

知名珠宝品牌提示关键词包括 cartier（卡地亚）、tiffany（蒂芙尼）、bvlgari（宝格丽）、harry winston（汉利·温斯顿）、van cleef & arpels（梵克雅宝）、montblanc（万宝龙）、piaget（伯爵）、chopard（萧邦）、swarovski（施华洛世奇）、hermès（爱马仕）、calvin klein（卡尔文·克莱恩）、de beers（戴·比尔斯）、versace（范思哲）等。

10.1.4 地域风格关键词

地域风格关键词包括 chinese style（中国风）、japanese style（日本风）、indian style（印度风）、islamic art（伊斯兰艺术）、persian art（波斯艺术）、ancient egyptian art（古埃及艺术）、ancient greek style（古希腊风）、ancient roman style（古罗马风）、baroque style（巴洛克风格）、ancient egyptian style（古埃及风）、african tribal art（非洲部落艺术）、african modern art（非洲现代艺术）、native american art（印第安艺术）、native american modern art（美洲艺术）、ancient inca cultural art（古代印加文化艺术）、aztec art（阿兹特克艺术）、mayan art style（玛雅艺术风格）、mexican folk art（墨西哥民间艺术）、inca art style（印加艺术风格）等。

10.1.5 珠宝工艺关键词

珠宝工艺关键词包括inlay（镶嵌）、gemstone inlay（镶嵌宝石）、pearl inlay（镶嵌珍珠）、diamond inlay（镶嵌钻石）、sapphire inlay（镶嵌蓝宝石）、agate inlay（镶嵌玛瑙）、coral inlay（镶嵌珊瑚）、jade inlay（镶嵌翡翠）、crystal inlay（镶嵌水晶）、fine engraving（精细雕刻）、riveting（铆钉）、pave setting（布满宝石）、handcrafted details（手工细节）、hand carving（手工雕刻）、antique craftsmanship（古董工艺）、beadwork（珠绣）、thread cutting（螺纹切割）、silk weaving（丝绸编织）、flint striking（燧石打火）、crochet（钩织）等。

10.1.6 珠宝造型关键词

珠宝造型关键词包括classic style（经典造型）、contemporary style（现代造型）、vintage style（古典造型）、royal style（宫廷造型）、romantic style（浪漫造型）、retro style（复古造型）、art deco style（艺术装饰风格）、nature-inspired style（自然主题造型）、minimalist style（简约造型）、abstract style（抽象造型）、ethnic style（民族风格）、exotic style（异域风格）、modern design（现代设计）、elaborate style（复杂造型）、minimalism（极简主义）、sci-fi style（科幻风格）、traditional style（传统造型）、tribal style（部落风格）、avant-garde style（艺术新颖风格）、mod style（摩登造型）等。

10.1.7 珠宝形状关键词

珠宝形状关键词包括round（圆形）、square（方形）、oval（椭圆形）、marquise（马眼形）、pear（钻石形）、heart（心形）、princess cut（公主方形）、emerald cut（祖母绿形）、cushion cut（椭圆形）、radiant cut（辐射形）、asscher cut（雅典娜形）、triangle（三角形）、pentagon（五角形）、hexagon（六角形）、decagon（十角形）、carved shape（雕花形）等。

10.1.8 珠宝外观关键词

珠宝外观关键词包括precious（珍贵的）、exquisite（华丽的）、delicate（精致的）、elegant（高雅的）、dazzling（耀眼的）、luxurious（奢华的）、sparkling（璀璨的）、gorgeous（绚丽的）、opulent（珠光宝气的）、unique（独特的）、antique（古老的）、fine（精美的）、artistic（艺术的）、masterful（精湛的）、sumptuous（富丽堂皇的）、shimmering（闪亮的）、enchanting（奇妙的）、gemstone（珠宝的）、graceful（优雅的）、high-end（高档的）等。

10.1.9 知名珠宝设计师关键词

知名珠宝设计师关键词包括katharine legrand（卡特琳娜·莱）、michael hill（迈克尔·希利）、sarah jones（莎拉·琼斯）、isabel canaple（伊莎贝·卡普莱斯）、ralph lauren（拉尔夫·洛伦）、victor hoffmann（维克多·赫芬）、andrea cagliari（安德烈亚·卡利亚里）、caroline habib（卡洛琳·海伯）、tony duquette（托尼·杜罗奇）、van cleef & arpels（梵·克雅宝）、harry winston（哈里·温斯顿）、fred leighton（弗雷德·莱特）、lisa eldridge（丽莎·埃尔德里奇）、

julian macdonald（朱莉安·麦克唐纳）、stephen webster（斯蒂芬·韦伯斯特）、andrea gin（安德烈亚·金）、maria canale（玛丽亚·卡尼亚罗）、lala·ounis（拉拉·奥尼斯）等。

10.2 利用表述发散法设计珠宝

下面展示的是分别使用 elegant（高雅的）、sparkling（璀璨的）、unique（独特的）、antique（古老的）、artistic（艺术的）、shimmering（闪亮的）等关键词，以表述发散法设计的珠宝示例。

diamond necklace design, unique --ar 3:2 --v 5.2 --s 500

diamond necklace design, sparkling --ar 3:2 --v 5.2 --s 500

diamond necklace design, antique --ar 3:2 --v 5.2 --s 500

diamond necklace design, artistic --ar 3:2 --v 5.2 --s 500

diamond necklace design, elegant --ar 3:2 --v 5.2 --s 500

diamond necklace design, shimmering --ar 3:2 --v 5.2 --s 500

10.3 利用属性定制法设计珠宝

下面展示的是分别通过提示语定义珠宝上宝石的类型与珠宝的形状来设计的珠宝示例。

dangling droplet earrings, the shape of these earrings resembles the posture of a droplet falling from a height, with slender and smooth lines, white background --v 5.2 --s 750

pendants, the milky way style, sapphiremain stone, little sapphire, little pearl, diamonds, gold and white gold --v 5.2 --s 750

infinity sign pendant diamond jewels, minimalist, elegant --v 5.2 --s 750

earring made of gold, the circle with a diameter of three centimeters is shiny on the circle, and there are raised grooves on the circle, --v 5.2 --s 750

pyramid stacking necklace, the necklace's design resembles a stack of pyramids, gradually increasing in size from top to bottom, minimalist --v 5.2 --s 750

circular square necklace, a series of circular square shapes hang on the chain, each square connected at a different angle, forming a continuous circular structure, white gold and diamond --v 5.2 --s 750

10.4 利用设计风格参考法设计珠宝

下面展示的是分别使用 chinese style（中式风格）、tibetan style（中国西藏风格）、islamic art（伊斯兰风格）、ancient egyptian art（古埃及风格）、african tribal art（非洲风格）、aztec art（阿兹特克风格）等关键词设计的珠宝示例。

earrings design, chinese style --ar 3:2 --v 5.2 --s 500

earrings design, tibetan style --ar 3:2 --v 5.2 --s 500

earrings design, islamic art --ar 3:2 --v 5.2 --s 500

earrings design, ancient egyptian art --ar 3:2 --v 5.2 --s 500

earrings design, african tribal art --ar 3:2 --v 5.2 --s 500

earrings design, aztec art --ar 3:2 --v 5.2 --s 500

10.5　利用照片参考法设计珠宝

右图是笔者从网上找到的珠宝截图，然后利用照片参考法，将此图上传 Midjourney 后，再通过不同的权重参数 --iw，生成了 4 种与原图不同的珠宝设计方案。

在提示词中，https://s.mj.run/_pxsihziyvq 为上传参考图的地址，提示词中的其他部分均为常规描述。

https://s. mj. run/_pxsihziyvq
jewelry design, ornate, expensive, shot by canon eos r5, photorealistic, product view, --s 550 --v 5 --iw 2

https://s. mj. run/_pxsihziyvq
jewelry design, ornate, expensive, shot by canon eos r5, photorealistic, product view, --s 550 --v 5 --iw 1. 5

https://s. mj. run/_pxsihziyvq
jewelry design, ornate, expensive, shot by canon eos r5, photorealistic, product view, --s 550 --v 5 --iw 1

https://s. mj. run/_pxsihziyvq
jewelry design, ornate, expensive, shot by canon eos r5, photorealistic, product view, --s 550 --v 5 --iw 0. 5

10.6 利用融合法设计珠宝

下面展示的提示语均比较复杂，因为综合使用了发散、属性定制、风格参考等创作方法。

regal radiance earrings ruby gold hoops pearl dangles crystal chandeliers diamond drops silver huggies silk tassels satin jacket ruby cluster gold ear cuffs

a stunning shot of kohinoor chandelier earrings large chandelier rose gold, diamond textured asymmetrical vintage and luxurious diamond against the metal kohinoor diamond accents,

haute joillerie mens pendant cross made from white gold on leather strap, cylinder base shape of the cross legs, in the center a blue diamond, encrusted with small white diamonds, --v 5.2 --s 750

pendant cross, in the center a big blue diamond, encrusted with small white diamonds, maskulin reduced design with modern gothic touch, --v 5.2 --s 750

opulent whispers earrings tanzanite gold hoops pearl dangles crystal chandeliers citrine drops gold huggies silk tassels silk jacket amethyst cluster silver ear cuffs

grandiose magnificence earrings sapphire rose gold hoops pearl dangles crystal chandeliers diamond drops gold huggies silk tassels satin jacket sapphire cluster silver ear cuffs

10.7　利用Midjourney创意设计文创产品

文创产品是旅游景点的重要收入，借助 Midjourney 可创意设计出与众不同的文创产品，下面展示的是笔者以故宫为主题创作的冰箱贴。

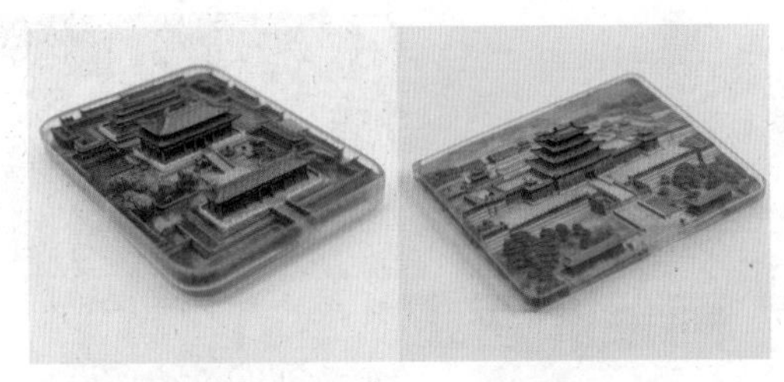

transparent plastic shaped fridge magnet of forbidden city --s 800 --v 5

a glass 3d round fridge magnet with sculpted forbidden city --s 800 --v 5

a 3d round fridge magnet with sculpted forbidden city --s 800 --v 5

a irregular edge 3d fridge magnet of forbidden city --s 800 --v 5

10.8　利用Midjourney创意设计文字素材

特效文字素材可以应用于海报设计、广告设计、UI 设计、Logo 设计等领域。使用 Midjourney 在创作特效文字时，要注重撰写关于文字材质、造型的提示语。

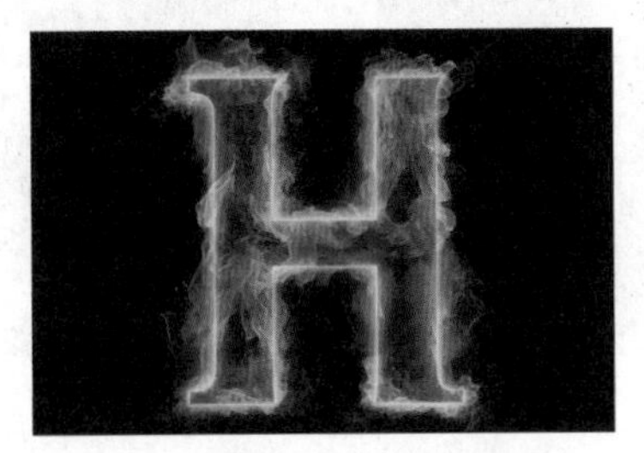

letter h made of red and orange flaming lightning --v 5.1 --s 750 --ar 3:2

letter h in style of emblem, eagle, vector, fashion, in 2300s --v 5.0 --s 750 --ar 3:2

letter h covered with butterflies, hyper-realistic details --v 5.1 --s 750 --ar 3:2

letter h made of cracked concrete, exaggerated expression --v 5.1 --s 750 --ar 3:2

a futuristic version of the letter h --v 5.1 --s 750 --ar 3:2

10.9 利用Midjourney创意设计数码产品造型

借助 Midjourney 天马行空的创意能力，用户可以尝试使用多种方法来设计数码产品，并从这些方案中寻找创意灵感。

futuristic sci-fi keyboard --s 750 --v 5.2

portable bluetooth speaker with dazzling lights, cloth mesh process, simplicity, the top is a hexagon, the bottom is a circle, --s 750 --v 5.2

humidifier, industrial design, beautifully rendered --s 750 --v 5.1

conical, artificial intelligence speakers, modeling, bang&olufsen style, knit fabric, aluminum, metal band, round triangle --v 5.2 --s 600

an air purifier, modern industrial design, simplicity, black and silver, blue lights, with a big square air outlet, with 4 small casters --v 5.2 --s 600

a cute oven specially designed for girls, bear shape, pink, silver handle --v 5.2 --s 600

10.10 利用Midjourney创意设计UI图标

如果对 UI 图标的要求不是特别高，完全可以使用 Midjourney 生成独特的 UI 图标，下面展示了使用 Midjourney 创作单个图标与成套图标的提示语及作品。

game icon design, 3d design, square shape, with rococo style luxurious metallic rounded corners, semi-transparent glass texture background, and a gemstone in the center. --v 4 --s 500

3d, game sheet of different types of medieval armor, white background, shiny, game icon design, style of hearthstone --s 800 --v 4

game icon design, game pack icons medival wooden shield, white background, made of chrome --v 4 --s 500

3d stylised dj icons concept for slot game --s 750

10.11 利用Midjourney创意设计表情包

使用 Midjourney 可以生成设计独特的表情包，下面展示了使用 Midjourney 创作的表情包提示语和作品。

the various expressions of cute cat, emoji pack, multiple poses and expressions, [happy, sad, expectant, laughing, disappointed, surprised, pitiful, aggrieved, despised, embarrassed, unhappy] 3d art, c4d, octane render, white background --v 5

the various expressions of cute dragon, emoji pack, multiple poses and expressions, [happy, sad, expectant, laughing, disappointed, surprised, pitiful, aggrieved, despised, embarrassed, unhappy] cartoon style, white background --v 5

10.12 利用Midjourney创意设计游戏角色与道具

游戏角色与道具设计是非常适合使用 Midjourney 进行创作的领域，这也是许多游戏公司裁撤美工，并将 AI 接入正式工作流程的原因。

game character, dwarf holding axe

2d style viking character turnaround

3d toon stylised cute totem character concept for game --s 750

3d toon stylised close up to a forge table with a hot sword hit by hammer concept for slot game --s 750

goblin in beach buggy cool vehicle

a cursed sword with red energy and a black blade.